Metrópoles e o Desafio Urbano
Frente ao Meio Ambiente

Blucher

SÉRIE SUSTENTABILIDADE

JOSÉ GOLDEMBERG

Coordenador

Metrópoles e o Desafio Urbano

Frente ao Meio Ambiente

VOLUME 6

MARCELO DE ANDRADE ROMÉRO

GILDA COLLET BRUNA

Metrópoles e o desafio urbano frente ao meio ambiente
© 2010 Marcelo de Andrade Roméro
        Gilda Collet Bruna
Editora Edgard Blücher Ltda.

Blucher

Rua Pedroso Alvarenga, 1.245, 4º andar
04531-012 – São Paulo – SP – Brasil
Tel.: 55 (11) 3078-5366
editora@blucher.com.br
www.blucher.com.br

Segundo Novo Acordo Ortográfico, conforme 5. ed. do *Vocabulário Ortográfico da Língua Portuguesa*, Academia Brasileira de Letras, março de 2009.

Ficha catalográfica

Roméro, Marcelo de Andrade; Bruna, Gilda Collet
   Metrópoles e o desafio urbano frente ao meio ambiente / Marcelo de Andrade Roméro, Gilda Collet Bruna. -- São Paulo: Blucher, 2010.
-- (Série sustentabilidade; v. 6 / José Goldemberg, coordenador)

Bibliografia
ISBN 978-85-212-0574-6

1. Áreas metropolitanas 2. Desenvolvimento sustentável 3. Energia elétrica - Aspectos ambientais 4. Gestão ambiental 5. Meio ambiente 6. Política ambiental 7. Sociologia urbana 8. Urbanização - Aspectos ambientais I. Bruna, Gilda Collet. II. Goldemberg, José. III. Título. IV. Série.

10-12212   CDD-307.764

Índices para catálogo sistemático:
1. Metrópoles: Grandes cidades: Aspectos ambientais: Sociologia   307.764

Apresentação

Prof. José Goldemberg
Coordenador

O conceito de desenvolvimento sustentável formulado pela Comissão Brundtland tem origem na década de 1970, no século passado, que se caracterizou por um grande pessimismo sobre o futuro da civilização como a conhecemos. Nessa época, o Clube de Roma – principalmente por meio do livro *The limits to growth* [*Os limites do crescimento*] – analisou as consequências do rápido crescimento da população mundial sobre os recursos naturais finitos, como havia sido feito em 1798, por Thomas Malthus, em relação à produção de alimentos. O argumento é o de que a população mundial, a industrialização, a poluição e o esgotamento dos recursos naturais aumentavam exponencialmente, enquanto a disponibilidade dos recursos aumentaria linearmente. As previsões do Clube de Roma pareciam ser confirmadas com a "crise do petróleo de 1973", em que o custo do produto aumentou cinco vezes, lançando o mundo em uma enorme crise financeira. Só mudanças drásticas no estilo de vida da população permitiriam evitar um colapso da civilização, segundo essas previsões.

A reação a essa visão pessimista veio da Organização das Nações Unidas que, em 1983, criou uma Comissão presidida pela Primeira Ministra da Noruega, Gro Brundtland, para analisar o problema. A solução proposta por essa Comissão em seu relatório final, datado de 1987, foi a de recomendar um padrão de uso de recursos naturais que atendesse às atuais necessidades da humanidade, preservando o meio ambiente, de modo que as futuras gerações poderiam também atender suas necessidades. Essa é uma visão mais otimista que a visão do Clube de Roma e foi entusiasticamente recebida.

Como consequência, a Convenção do Clima, a Convenção da Biodiversidade e a Agenda 21 foram adotadas no Rio de Janeiro, em 1992, com recomendações abrangentes sobre o novo tipo de desenvolvimento sustentável. A Agenda 21, em particular, teve uma enorme influência no mundo em todas as áreas, reforçando o movimento ambientalista.

Nesse panorama histórico e em ressonância com o momento que atravessamos, a Editora Blucher, em 2009, convidou pesquisadores nacionais para preparar análises do impacto do conceito de desenvolvimento sustentável no Brasil, e idealizou a *Série Sustentabilidade*, assim distribuída:

1. **População e Ambiente: desafios à sustentabilidade**
   Daniel Joseph Hogan/Eduardo Marandola Jr./Ricardo Ojima

2. **Segurança e Alimento**
   Bernadette D. G. M. Franco/Silvia M. Franciscato Cozzolino

3. **Espécies e Ecossistemas**
   Fábio Olmos Corrêa Neves

4. **Energia e Desenvolvimento Sustentável**
   José Goldemberg

5. **O Desafio da Sustentabilidade na Construção Civil**
   Vahan Agopyan/Vanderley Moacyr John

6. **Metrópoles e o Desafio Urbano Frente ao Meio Ambiente**
   Marcelo de Andrade Roméro/Gilda Collet Bruna

7. **Sustentabilidade dos Oceanos**
   Sônia Maria Flores Gianesella/Flávia Marisa Prado Saldanha-Corrêa

8. **Espaço**
   José Carlos Neves Epiphanio/Evlyn Márcia Leão de Moraes Novo/Luiz Augusto Toledo Machado

9. **Antártica e as Mudanças Globais: um desafio para a humanidade**
   Jefferson Cardia Simões/Carlos Alberto Eiras Garcia/Heitor Evangelista/Lúcia de Siqueira Campos/Maurício Magalhães Mata/Ulisses Franz Bremer

10. **Energia Nuclear e Sustentabilidade**
    Leonam dos Santos/João Roberto Loureiro de Mattos

O objetivo da *Série Sustentabilidade* é analisar o que está sendo feito para evitar um crescimento populacional sem controle e uma industrialização predatória, em que a ênfase seja apenas o crescimento econômico, bem como o que pode ser feito para reduzir a poluição e os impactos ambientais em geral, aumentar a produção de alimentos sem destruir as florestas e evitar a exaustão dos recursos naturais por meio do uso de fontes de energia de outros produtos renováveis.

Este é um dos volumes da *Série Sustentabilidade*, resultado de esforços de uma equipe de renomados pesquisadores professores.

Referências bibliográficas

MATTHEWS, Donella H. et al. *The limits to growth*. New York: Universe Books, 1972.

WCED. *Our common future*. Report of the World Commission on Environment and Development. Oxford: Oxford University Press, 1987.

Prefácio

Marcelo de Andrade Roméro
Gilda Collet Bruna

As metrópoles, enquanto concentrações urbanas são, e continuarão sendo, uma das grandes preocupações dos governos e da sociedade civil da maior parte do mundo neste século XXI, dada suas necessidades crescentes de recursos ambientais. Já existe a consciência a respeito deste fato e o que está em processo de constante discussão são as definições dos mecanismos e das melhores práticas de ações que minimizem impactos ambientais presentes e futuros e que lancem mão dos avanços tecnológicos existentes e economicamente viáveis.

Este livro aborda esta temática enfocando dois aspectos fundamentais ao enfrentamento dos problemas urbanos: a gestão ambiental e a demanda energética requerida por grandes massas urbanas. Ambos os aspectos são analisados do ponto de vista das políticas públicas entendendo-as como ferramentas representativas da sociedade civil, que auxiliam a implementação de ações ambientais dirigidas.

A obra discute temas atuais, procurando contextualizá-los muitas vezes em uma série histórica de acontecimentos e ocorrências, de forma a conduzir o leitor à compreensão do presente à luz de fatos passados. Da mesma forma, o livro traça algumas perspectivas futuras para o comportamento das metrópoles nos dois aspectos abordados, gerando um inicio de discussão e cumprindo o papel da academia que é o desenvolvimento de uma consciência critica.

Conteúdo

1 Metrópoles: gestão ambiental e políticas públicas

1.1 Introdução

A ideologia da sociedade industrial, impulsionada pelas noções sobre o crescimento econômico, sempre crescente nível de vida e fé na correção tecnológica, é impraticável a longo prazo. Ao mudar nossas ideias, nós temos de olhar em frente para uma eventual meta final de uma sociedade humana na qual a população, o uso de recursos, a disposição de resíduos e o meio ambiente estão, geralmente num saudável equilíbrio.

Acima de tudo, temos de olhar para a vida com respeito e admiração. Precisamos de um sistema ético no qual o mundo natural tenha valor não apenas para o bem-estar humano, mas por si mesmo. O universo é tanto algo interno como externo.

Crispin Tickel apud James Lovelock's, *The revenge of Gaia*, p. 190.

As metrópoles são fruto do desenvolvimento urbano resultante dos impactos oriundos da revolução industrial. A grande cidade tem qualidades estranhas, e por isso constitui um desafio para a vida urbana, pois segundo Mike Davis mostram

contrastantes ecologias urbanas das cidades capitalistas e pré-capitalistas (...) numa constante adaptação ecológica. A cidade é um improviso imperfeito e carnavalesco que cede aos luxos de um ambiente mediterrâneo dinâmico. (...) as coisas continuam numa condição meio real, e sente-se o encanto no modo como elas encontram seu próprio equilíbrio e realização (DAVIS, 2007, p. 18).

Assim é que, desde o século XIX, com a industrialização, a própria cidade foi mudando. Foram estabelecidas indústrias, estas geraram empregos e, assim, atraíram a população dispersa nas áreas rurais que foram migrando para as cidades, num processo de formação de aglomerações urbanas; essas aglomerações se tornaram um desafio urbano devido ao número cada vez maior de pessoas que procuram viver com qualidade de vida. Nesse processo de formação de cidades e de sua expansão, em determinadas regiões, umas cidades foram **se emendando** nas outras formando um extenso contínuo urbano que passou a reunir os poderes da aglomeração: isto é, gerar uma economia dinâmica.

A industrialização cria uma nova forma de vida urbana, que necessita de novas habitações e de aumento do espaço para circulação, lazer, comércio e serviços. As áreas industriais formatam uma cidade que precisa de acessos multimodais – ferrovias, rodovias e aerovias – para a formatação de novos usos e ocupação do solo.

Assim, a industrialização permitiu que a cidade se transformasse numa metrópole, mas, desse modo, formou-se um novo ciclo de crescimento populacional, com aumento da população e pobreza nessa metrópole, conforme colocam Donella Meadows, Jorgen Randers e Dennis Meadows (2004), em que esse rápido crescimento de população requer aumento da produção de alimentos por pessoa, o que nem sempre ocorre em alguns países pobres, gerando maior empobrecimento e enfraquecimento geral da população. Também, segundo esses autores, cria-se outra tragédia, aquela ligada ao meio ambiente, pois o aumento da produção alimentícia requer o desmatamento, com danos para o solo, florestas, águas, atingindo, assim, todo o ecossistema, e tendendo a tornar o futuro difícil em termos de produção e de vida humana. É que essas áreas segregadas na periferia de países em desenvolvimento acabam se constituindo em favelas, sem qualquer serviço urbano, sendo, portanto grandes poluidoras da água, quando estão situadas próximas aos mananciais de abastecimento, que acabam poluindo e dificultando a distribuição de água potável. Esse é o grande desafio urbano do século XXI.

Dos fins do século XIX ao início do XX, as metrópoles ganharam corpo nos países desenvolvidos, como Nova York, nos Estados Unidos, cujo crescimento e expansão levaram à necessidade de revitalizar o centro da cidade, para que os edifícios e terrenos não perdessem a vida econômica e não enfraquecessem seu dinamismo urbano.

No século XX pode-se dizer que essa industrialização chegou a São Paulo, Brasil, transformando a cidade na maior região metropolitana do País. Com o tempo, essa metrópole estimulou a formação de outras metrópoles, no caso de Campinas e da Baixada Santista, além de se espraiar na direção de aglomerados urbanos, como o vale do rio Paraíba, a leste, Sorocaba, a oeste, e se espalhar mais a noroeste, até Limeira. Essa ocupação territorial, também conhecida como Macrometrópole, pode ser vista na Figura 1.1.

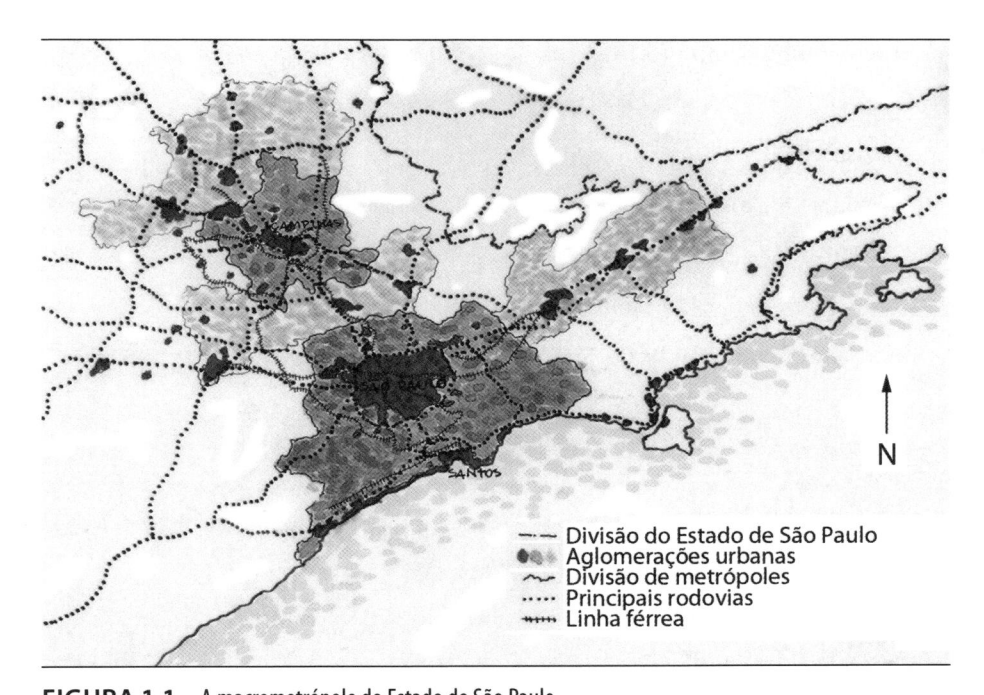

FIGURA 1.1 – A macrometrópole do Estado de São Paulo.
Fonte: Ilustração produzida a partir de mapas do Instituto Geográfico e Cartográfico – IGC e do Departamento de Estradas de Rodagem – DER, 2003. Desenhada por Christiane Ribeiro e Gilda Collet Bruna, maio 2010. A figura, aqui reproduzida em P&B, está disponível em cores no site da editora: <www.blucher.com.br>.

Além de se estender territorialmente, essa área representa 11,29% da área do estado e 0,33% da área do País; participa com um PIB (Produto Interno Bruto) que corresponde a 79,41% que corresponde ao estado e a 26,89% do País, e sua população corresponde a 70,36% da população total do estado, e a 15,33% da população do País. Formou-se assim, um extenso contínuo de áreas urbanas da macrometrópole paulista, que hoje abrange 102 municípios. Assim o adensamento populacional é grande e concentrando, representando uma expressiva porcentagem da produção do País. Os dados dessas aglomerações, que se espraiam além das regiões metropolitanas, como Sorocaba-Jundiaí, São José dos Campos e Piracicaba-Limeira, juntamente com o das metrópoles mencionadas, formam uma expressiva área densamente ocupada, com um produto interno bruto bastante expressivo.

Macrometrópole

A macrometrópole é formada por[1]:

1. Regiões metropolitanas

   • São Paulo: 39 municípios; 19.223.930 habitantes; PIB de 207,2 bilhões de dólares.

   • Campinas: 19 municípios; 2.633.523 habitantes; PIB de 28,8 bilhões de dólares.

   • Baixada Santista: 9 municípios; 1.606.863 habitantes; PIB de 13,9 bilhões de dólares.

2. Áreas de Expansão Metropolitana

   • Aglomerado Urbano – São José dos Campos: 10 municípios; 1.492.908 habitantes; PIB de 14,7 bilhões de dólares.

   • Aglomerado Urbano – Sorocaba-Jundiaí: 13 municípios; 1.749.459 habitantes; PIB de 17,4 bilhões de dólares.

   • Aglomerado Urbano – Piracicaba-Limeira: 12 municípios; 1.314.320 habitantes; PIB de 11,0 bilhões de dólares.

3. Total da Macrometrópole: 102 municípios; 28.021.003 habitantes; PIB de 292,9 bilhões de dólares.

Fonte: Emplasa, 2008.

O dinamismo dessa macrometrópole foi acentuado pela produção automobilística e a formação de um sistema viário para atender às novas expansões da produção e do território metropolitano. Destaca-se, nesse período, a Política Nacional de Substituição das Importações, adotada no Brasil nas décadas de 1950 e 1960, preconizada pela Comissão Econômica para a América Latina (Cepal), pela qual os países

---

[1] Estes dados foram apresentados em tabela da Emplasa, por Dirce B. Freitas e Gilda C. Bruna, congresso da ANTP (Associação Nacional de Transportes Públicos, em 2009).

do terceiro mundo deveriam procurar desenvolver uma produção nacional, em vez de importar. Essa política teve o poder de estimular o desenvolvimento do setor industrial[2]. Esse foi, portanto, um período de grande produção e oferta de emprego, e assim sendo, São Paulo como metrópole nacional, por sua influência, atraia migrantes de outras partes do País que procuravam trabalho nesse eldorado paulista, vindo com suas famílias adensar a área.

Estimulava-se assim a produção no País, diminuindo a importação de tecnologia externa, o que acabou gerando, por exemplo, maior capacitação das montadoras e de outras indústrias, trazendo também a difusão de nova forma de vida urbana na nação. Criaram-se continuidades e descontinuidades, como refere-se Ana Fani Alessandri Carlos (2004, p. 9), num processo de reprodução do espaço da metrópole

> que apresenta como tendência a destruição dos referenciais urbanos (...) [em contraste com] a busca do incessantemente novo, como imagem do progresso e do moderno, (...) que novas formas urbanas se constroem sobre outras, com profundas transformações na morfologia, revelando uma paisagem em constante transformação.

Assim é que também novas formas urbanas despontam e que as áreas predominantemente industriais se destacam no meio urbano, geralmente servidas por ferrovias, como na região metropolitana de São Paulo, que na segunda metade do século XX foi complementada pelo sistema viário, que, posteriormente, passou a dominar a circulação urbana também por motivos de carga.

1.2 Políticas públicas na metrópole

Até o final dos anos 1950, contava-se com uma agricultura tradicional que era conhecida por trabalhar com baixo uso de capital e tecnologias que incentivavam o uso abundante de mão de obra, formando uma fronteira agrícola que complementava a industrialização. No período entre 1960 e 1990, no entanto, houve um grande impulso de desenvolvimento dado pela industrialização crescente, com aumento da população urbana metropolitana. Enquanto isso,

---

[2] PESSÔA, André. Política de substituição de importações. Disponível em: <http://www.brazil.guide.com.br/port/economia/agric/substimp/index.php>. Acesso em: 10 abr. 2010.

a população rural passou de 50% para 25% do total (...). Dessa forma, nos últimos 30 anos a renda *per capita* do setor agrícola passou de 32% para 40% da renda *per capita* nacional (...) [Isso gerou uma] extrema desigualdade da distribuição da renda no País em geral e da agricultura em particular: ocorreram mudanças relacionadas ao desenvolvimento tecnológico que foram muito significativas no período[3].

Esse desenvolvimento mais acelerado deu origem às aglomerações urbanas, como aquelas que se destacaram pela produção industrializada e formaram a metrópole de São Paulo. Essa formação metropolitana, de fato, foi institucionalizada pelo governo brasileiro de acordo com o art. 164 da Constituição Brasileira, pela Lei Complementar n. 14 de 8 de junho de 1973, que estabeleceu-a como região metropolitana, juntamente com outras metrópoles como Belo Horizonte, Porto Alegre, Recife, Salvador, Curitiba, Belém e Fortaleza, definindo os municípios que delas faziam parte. A região metropolitana do Rio de Janeiro – Grande Rio – foi instituída pela Lei Complementar n. 20 de 1º de julho de 1974, também na forma do art. 164 da Constituição, logo após a fusão do Estado do Rio de Janeiro com o da Guanabara.

Nessa ocasião, foi criado, para cada região metropolitana, um Conselho Consultivo e um Conselho Deliberativo para decisões de elaboração do Plano Metropolitano de Desenvolvimento Integrado (PMDI). Nessa forma de gestão, a programação dos serviços comuns devia ser feita como rezam os incisos I e II do art. 3º da Lei Complementar n. 14/1973, que trata do Conselho Executivo. Mas, talvez o mais importante tenha sido o art. 6º segundo o qual

> Os municípios da região metropolitana, que participarem da execução do planejamento integrado e dos serviços comuns, terão preferência na obtenção de recursos federais e estaduais, inclusive sob a forma de financiamentos, bem como de garantias para empréstimos.

Observa-se assim que esse incentivo – obtenção de recursos de financiamentos – foi o fator motor do desenvolvimento dos planos e programas de desenvolvimento metropolitanos então realizados. Isso ocorreu num período de governo militar que centralizava todas as decisões de planejamento[4].

---

[3] Idem, ibidem

Além disso, observa-se que essa política de criar regiões metropolitanas foi também um incentivo para o mercado imobiliário, como menciona Carlos (2004, p. 11) em relação às mudanças espaciais que passaram a ocorrer na metrópole. Carlos diz que "os lugares da metrópole [foram] redefinidos por estratégias imobiliárias, (...) transformando espaço em mercadoria". Segundo a mesma autora, também se acentuou a existência de um tipo de espaço em que há "destruição das condições de realização da sociabilidade pela tendência à eliminação do encontro, submetido cada vez mais à mercadoria". Assim, segundo a autora, "as políticas urbanas estão constantemente a recriar os lugares, (...) [gerando] centralidades diferenciadas em função do deslocamento do comércio, dos serviços e do lazer".

Desse modo, houve em São Paulo uma valorização das áreas intermediárias entre o centro e a periferia, que continuou a manter desvalorizadas aquelas áreas ocupada pela população carente. Formou-se assim uma fragmentação urbana carente, ocupada pela população pobre. De outro lado, a população de renda mais alta abandona as áreas centrais, gerando uma movimentação no espaço metropolitano; movimentação essa que foi acompanhada pela criação de condomínios residenciais e shopping centers que passaram a levar a essas novas áreas o comércio e os serviços de que necessitavam, formando assim, novas centralidades na metrópole: novas avenidas foram construídas; novos bairros foram marcados, primeiro pela verticalização e depois pelos condomínios residenciais, influenciando a valorização imobiliária.

Parte da população com poder aquisitivo mais alto começou a se mudar para uma periferia formada por condomínios horizontais, como em Alfaville, primeiro em Barueri e, depois, em Santana do Parnaíba, formando uma fragmentação urbana de alta renda. Consequentemente, a metrópole hoje conta com dois tipos de periferia, a pobre e a rica, formando vários fragmentos urbanos.

De outro lado, a periferia pobre era constituída por bairros autoconstruídos, por favelas e ainda pelos conjuntos habitacionais de interesse social, segregando essa população pobre, cada vez mais ca-

---

[4] Igualmente, a gestão da região metropolitana do Rio de Janeiro foi instituída pela Lei Complementar N. 20 de 1º de julho de 1974. Disponível em: <http://www.planalto.gov. br/CCIVIL/Leis/LCP/Lcp20.htm>. Acesso em: 10 abr. 2010.

rente de infraestrutura e serviços urbanos, que precisava fazer uma extensa viajem de ida e volta, residência–trabalho, devendo ainda arcar com essas despesas, por morar muito longe de seus possíveis empregos. Em contraposição, havia também população pobre encortiçada nas áreas centrais, mostrando a degradação que lá se instalava, porém em locais servidos de infraestrutura e perto de empregos e que passou a receber atenção do poder público, na intenção de levar moradores para o centro.

Com essas características, a metrópole passava a ser formada por diferentes fragmentos, mostrando seus contrastes de renda e de qualidade de vida, cujas políticas públicas estão sempre chegando atrasadas, quando essas diferenças sociais no território já estão praticamente consolidadas e o impacto no meio ambiente já se revela negativo.

1.3 A política do meio ambiente

Com relação à política para o meio ambiente, ainda em 1981, em pleno governo centralizador, foi criada a Lei Federal 6.938/1981, dispondo sobre a Política Nacional do Meio Ambiente, seus fins e mecanismos de formulação e aplicação, e dando outras providências. Essa era uma política para cuidar tanto do meio ambiente natural como também urbano. Focalizava, assim, o cuidado com a preservação ambiental, tanto mais importante em meio urbano com acentuado crescimento demográfico e, portanto, com alto impacto humano. Inicia-se uma nova fase de política e gestão, destacando-se que os conflitos humanos podem ser regidos por legislação, sendo crescente a arbitragem do Direito para permitir alcançar padrões de qualidade de vida (BRUNA, 2006).

Na ordenação das aglomerações urbanas, usos e costumes são cada vez mais importantes, pois podem significar intenções morais e deveres de Estado, então abrangendo a gestão e a consciência do ato administrativo para as comunidades. Desse modo, as leis influenciam as ações individuais ou de grupos e também as coletividades urbanas, sejam nacionais ou em diferentes regiões do País.

Essa Política Nacional do Meio Ambiente, conforme o art. 2º dessa lei tem por objetivo a preservação, melhoria e recuperação da qualidade ambiental propícia à vida, visando assegurar, no País, condições ao desenvolvimento socioeconômico, aos interesses da segurança nacional e à proteção da dignidade da vida humana.

Desse modo, essa gestão procura, com a aprovação dessa legislação pelo governo, manter o equilíbrio ecológico, uma vez que o meio ambiente é agora reconhecido como um patrimônio público que precisa ser protegido para o uso coletivo. Assim, torna-se importante focalizar o uso do solo, do subsolo, da água e do ar, tratando-os por um planejamento que inclua esses recursos ambientais, e que permita proteger os ecossistemas e preservar determinadas áreas importantes para as comunidades e o desenvolvimento urbano ambiental. Daí a necessidade de controle e a importância do zoneamento das atividades, principalmente destacando aquelas que são poluidoras. Consequentemente, a pesquisa de tecnologia adquire maior relevância, pois as comunidades precisam se orientar, cada vez mais, pelo uso racional das reservas naturais e proteger esses recursos, tendo em vista alcançar a qualidade ambiental e a proteção de áreas ameaçadas de degradação. É preciso proteger a biosfera, como diz James Lovelock (2006, p. 19), "essa região geográfica onde existe vida (...) na face da terra". Cuidando de Gaia, a Terra viva, pois é preciso ver a terra como um planeta vivo, para que se consiga mantê-la apta para a vida, como diz Lovelock (2006).

Nesse sentido, enfatiza-se a necessidade de educação ambiental, para capacitar as comunidades a participarem de planos e para a defesa de seu meio ambiente.

Essa Legislação n. 6.938/1981 também é importante porque implantou no País o Sistema Nacional de Meio Ambiente e, com ele, o primeiro Conselho Nacional do Meio Ambiente – Conama – que conta com a participação de órgãos federais, estaduais e municipais, do setor empresarial e da sociedade civil; conta também com câmaras técnicas para cuidar das questões de sua competência, relatando-as ao plenário[5]. Dentre suas Resoluções destaca-se a Resolução 001/1986 que trata do EIA (Estudo de Impacto Ambiental) e do Relatório de Impacto no Meio Ambiente (Rima), listando aqueles empreendimentos e atividades que, por força de seu impacto, precisam contar com esses EIA e Rima, para

---

[5] Conama. Disponível em: <http://www.mma.gov.br/port/conama/estr.cfm>. Acesso em: 10 abr. 2010.

que seus projetos e construções possam ser aprovados, uma vez que demonstrem cuidar do ambiente natural e do construído.

Desse modo, essa Política Nacional de Meio Ambiente procura estimular uma compatibilização entre o desenvolvimento econômico-social e a própria preservação do meio ambiente, buscando o equilíbrio ecológico. Assim, estimula o desenvolvimento de planos, programas e projetos que proponham a preservação do meio ambiente, esperando que tanto as empresas públicas como as privadas possam atuar de acordo com essa Política Nacional.

Pode-se dizer, assim, que o meio ambiente começa a ser importante para o País e que, paulatinamente, essa importância é absorvida pela população, vale dizer, governos, profissionais como arquitetos, engenheiros, advogados e empreendedores de um modo geral, que vão compatibilizando seus projetos com as exigências da lei, e a comunidade que vai se ajustando às necessidades de conviver com ambientes preservados.

Na década de 1990, porém, a Constituição Federal vigente (1988) já aprovara um governo descentralizador e democrático. Por isso, de acordo com a descentralização, o art. 25 dessa Constituição, incumbe os estados de organizar as suas regiões metropolitanas, regiões de aglomerações urbanas e microrregiões urbano-rurais. No Estado de São Paulo essa organização regional passou a ser regulada pela Lei Complementar Estadual n. 760, de 1º de agosto de 1994, que estabelece diretrizes para a organização regional do estado. Desse modo, conforme parágrafo único do art. 1º essa Lei Complementar

> criou, mediante lei, um Sistema de Planejamento Regional e Urbano, sob a coordenação da Secretaria de Planejamento e Gestão, com as finalidades de incentivar a organização regional e coordenar e compatibilizar seus planos e sistemas de caráter regional.

Essas regiões, conforme o art. 7º, tratam dos interesses comuns referentes aos itens

> I – planejamento e uso de solo; II – transporte e sistema viário regionais; III – habitação; IV – saneamento básico; V – meio ambiente; VI – desenvolvimento econômico; e VII – atendimento social.

Ainda no caso dessas regiões estaduais, o planejamento será de competência do estado e dos municípios que as integram. Destaca-se também que foi assegurada a participação paritária do conjunto de municípios em relação ao estado, seja na organização, articulação, como coordenação ou fusão de entidades e órgãos públicos que atuem em funções públicas de interesse comum regional, como saneamento básico, transportes públicos, dentre outras.

Foi com essas atribuições dadas pela Constituição Federal, que o Estado de São Paulo instituiu gestões diferenciadas, tanto para o planejamento dos recursos hídricos como para as regiões metropolitanas. Nesse caso o estado criou a Região Metropolitana da Baixada Santista e a Região Metropolitana de Campinas, mas a região metropolitana de São Paulo ainda não foi organizada segundo a lei estadual.

Nessas regiões, destacam-se o Conselho de Desenvolvimento Metropolitano que prevê a participação paritária de estado e municípios; a Agência Metropolitana, que gere as questões da região; e o Fundo Metropolitano, que deve ser constituído tanto pelos municípios como pelo estado. Observa-se também, no art. 16, que a participação paritária deve ser assegurada no Conselho de Desenvolvimento, e assim, sempre que

> existir diferença de número entre os representantes do estado e dos municípios, os votos serão ponderados, de modo a que, no conjunto, tanto os votos do estado como os dos municípios correspondam, respectivamente, a 50% (cinquenta por cento) da votação.

No caso de gestão das bacias hidrográficas do Estado de São Paulo, a Lei n. 7.633/1991 estabelece normas de orientação à Política Estadual de Recursos Hídricos bem como ao Sistema Integrado de Gerenciamento de Recursos Hídricos. Por essa lei, pioneira no País em que o território e sua constituição físico-geográfica ganham importância administrativa, o estado passou a considerar regiões formadas por bacias hidrográficas, tendo então sido subdividido em 22 bacias hidrográficas. Assim, a bacia hidrográfica torna-se a unidade de planejamento e, para sua gestão, foram criados Comitês de Bacias Hidrográficas e Subcomitês de Sub-bacias Hidrográficas, instituindo assim um sistema de gestão descentralizado por bacia hidrográfica que permite promover programas específicos de desenvolvimento para cada caso.

1.4 Gestão ambiental metropolitana

Como se pode observar, o desafio urbano metropolitano, é cada vez maior. A Lei Paulista n. 7.633/1991 introduz a cobrança pela utilização dos recursos hídricos (art. 14) e impõe que o Estado atualize periodicamente seu Plano Estadual de Recursos Hídricos, considerando pelo art. 16 as normas relativas "à proteção do meio ambiente, as diretrizes do planejamento e gerenciamento ambientais". Seguramente, com essa orientação, essa lei promove a realização dos planos de bacias hidrográficas, propondo uma gestão integrada e participativa, que conta com um Conselho Estadual de Recursos Hídricos, e Comitês de Bacias Hidrográficas, como órgãos consultivos e deliberativos, em que os secretários de estado participam do gerenciamento, juntamente com os representantes dos municípios que fazem parte da bacia hidrográfica, com toda ou parte de sua área, e ainda com a participação de representantes da sociedade civil, respeitando, conforme art. 24, a participação de

> representantes de entidades da sociedade civil, sediadas na bacia hidrográfica, respeitado o limite máximo de um terço do número total de votos, por: a) universidades, institutos de ensino superior e entidades de pesquisa e desenvolvimento tecnológico; b) usuários das águas, representados por entidades associativas; c) associações especializadas em recursos hídricos, entidades de classe e associações comunitárias, e outras associações não governamentais.

A população, como se depreende, está sendo chamada para participar das decisões de planejamento tanto no nível local como no regional. Em termos técnicos, além dessa organização participativa, essa Lei n. 7.633/1991 conta, em caráter consultivo, com Câmaras Técnicas, focalizando questões especializadas que merecem ações específicas em prol da sustentabilidade ambiental local. Assim, o desafio urbano em questão, por sua relevância, mostra que a gestão de bacias hidrográficas, feita de acordo com seu art. 35, conta ainda com

> O **Fundo Estadual de Recursos Hídricos – Fehidro**, criado para dar suporte financeiro à Política Estadual de Recursos Hídricos e às ações correspondentes [devendo assim], reger-se pelas normas estabelecidas nesta lei e em seu regulamento.

Em termos de gerenciamento, o Fehidro conta com um Conselho de Orientação, composto por membros indicados entre os componentes do Conselho de Recursos Hídricos. Essa composição observa a paridade entre estado e municípios, e precisa se articular com o Comitê Coordenador do Plano Estadual de Recursos Hídricos, de modo a permitir a implementação das decisões planejadas. Mas, financeiramente, o Fehidro deve ser administrado por "uma instituição oficial do sistema de crédito", conforme o parágrafo 2º do art. 35, aqui mencionado.

Pode-se dizer, assim, que essa organização da gestão de recursos hídricos, aprovada por lei, em 1991, foi pioneira no País em seus cuidados com esses recursos, que precisam ser compartilhados para abastecimento, geração de energia elétrica (que será examinada a seguir), dessedentação de animais e plantas, necessidades da agricultura e demais atividades econômicas.

Desse modo, além de cuidar de outros impactos negativos que acabam diminuindo a própria qualidade dos recursos hídricos, é preciso cuidar ainda de promover ações despoluidoras, ou mesmo atividades que distribuam os recursos, de modo a satisfazer as necessidades da população.

A população, por sua vez, muitas vezes, se concentra excessivamente em determinadas regiões, como é o caso da região metropolitana de São Paulo, que abriga cerca de 19 milhões de habitantes e que, por isso mesmo, precisa "importar" água de outra bacia para suprir suas necessidades. Essa água é importada da bacia do rio Piracicaba, por meio do Sistema Cantareira que fica a cerca de 70 km do centro metropolitano, interligando seis represas por túneis. Para esse abastecimento, a metrópole precisa contar também com os sistemas Billings, Guarapiranga e Cabeceiras do rio Tietê, situados em áreas densamente ocupadas e que geram poluição, mesmo em desacordo com as legislações de proteção ambiental[6].

A história das águas metropolitanas de São Paulo nem sempre é conhecida por todos seus habitantes. Estes deveriam entender como as águas captadas das nascentes precisam ser preparadas para se tornarem potáveis. Os habitantes também precisariam saber que, quanto mais poluídas essas águas se encontrarem, mais caro e demorado será seu tratamento para prepará-las para o abastecimento, visando atender

---

[6] Conforme: Mananciais de São Paulo. Disponível em: <http://www.mananciais.org.br/site/mananciais_rmsp>. Acesso em: 11 abr. 2010.

quase 20 milhões de pessoas, no caso da metrópole paulistana. Por essas características, a água se torna cada vez mais preciosa, pois, é claro, sem ela não há vida, mas se for escassa ou estiver poluída, irá demandar muitos esforços para que a metrópole possa ser abastecida.

Além disso, é preciso contar com esgotos urbanos, pois são as áreas mais produtoras de resíduos, seja humano, seja da atividade produtiva que, em virtude da concentração de população, não têm mais capacidade de serem depurados in natura. É preciso contar com Estações de Tratamento de Esgoto, distribuídas pelos diversos bairros ou fragmentos urbanos, para que se consiga atender uma população tão numerosa. Também, segundo a lei de proteção aos mananciais metropolitanos da década de 1970, não era possível tratar os esgotos nessas áreas; esses esgotos deveriam ser retirados e conduzidos até a ETE mais próxima para receber tratamento.

Ora, isso praticamente não ocorre, desde aquela época, pois os coletores estão sendo construídos e os esgotos removidos da área, mas, como ainda não são tratados, são despejados a grande distância das cidades. Na verdade, quando se trata de áreas carentes, os esgotos não chegam a ser removidos, e são diretamente despejados pela população nos riachos próximos a suas habitações. Essa poluição, então, é levada, por meio da água, até os reservatórios de abastecimento cujas águas não mais podem ser consumidas sem que antes sofram o devido tratamento.

Como essa questão de controle das águas agora se prende às bacias hidrográficas (Figura 1.2), após 1997, quando a legislação de proteção aos mananciais foi estendida a todo o Estado de São Paulo, a decisão sobre o saneamento básico passou a ser competência de cada cada bacia, seja para coleta, tratamento ou destino final. O lixo urbano, por sua vez, também não vem sendo coletado e tratado, principalmente nas áreas de população de baixa renda, onde contribui para piorar a situação de poluição, e também atua como agravante nos períodos de chuvas, colaborando para aumentas as inundações e espalhar doenças de veiculação hídrica.

Assim, os indicadores de saneamento básico mostram que somente parte da população é atendida por esses serviços. A maioria dessa população é composta por pessoas carentes que vivem em áreas de risco de inundações e de deslizamentos. O fato de não contarem com esses serviços básicos é um agravante dos riscos que enfrentam em decorrência de chuvas, erosões, inundações e deslizamentos, seja como resultado de eventos naturais ou da ação antrópica.

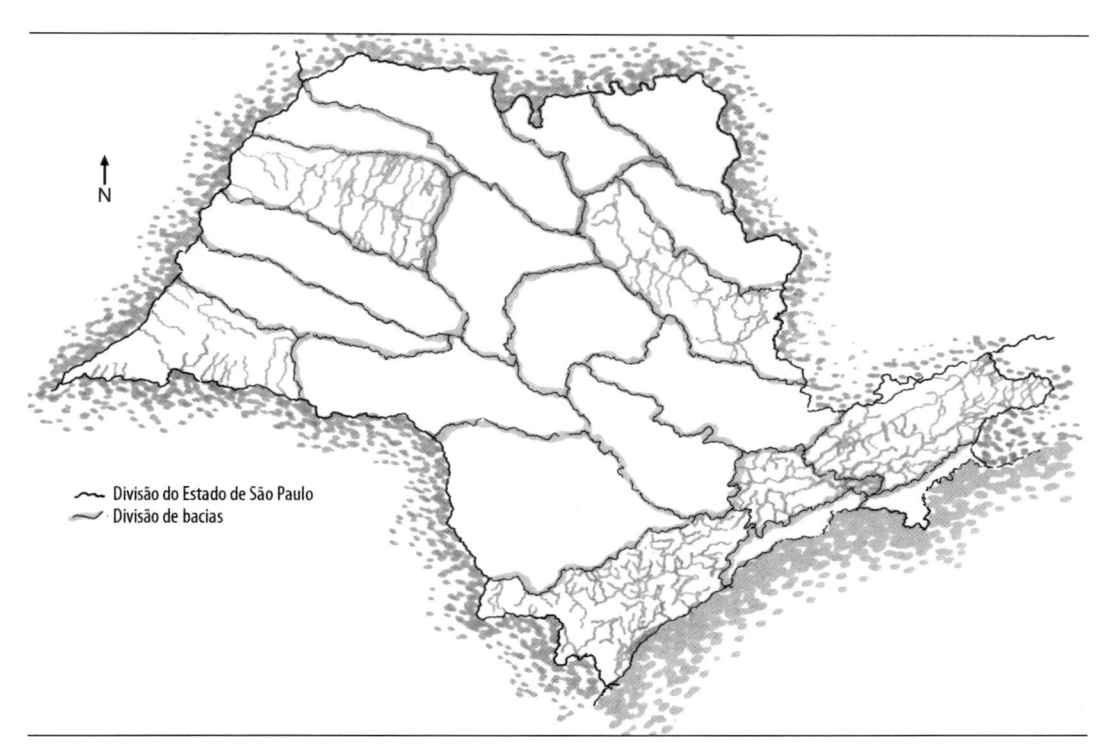

FIGURA 1.2 – Bacias hidrográficas do Estado de São Paulo.
Fonte: Ilustração produzida a partir do mapa de 22 unidades de Bacias Hidrográficas. Disponível em: <www.scielo.br>. Acesso em: 22 maio 2010. Desenhada por Christiane Ribeiro e Gilda Collet Bruna, maio 2010. A figura, aqui reproduzida em P&B, está disponível em cores no site da editora: <www.blucher.com.br>.

As áreas de grande concentração de população, como as metrópoles e suas "conurbações", formam as macrometrópoles que não podem prescindir desse tipo de atendimento de saneamento básico. Não se pode negar que os serviços vêm sendo feitos, mas não na velocidade que esse espraiamento metropolitano requer, e a população encontra-se desatendida. Assim, as construções requerem tratamentos específicos em virtude de situarem-se em áreas com essas fragilidades ambientais, tornando-se adequadas a diferenciados locais. A sustentabilidade deve ser entendida como a continuidade dessa adequabilidade e atendimento por saneamento básico, e a tecnologia deve se relacionar às políticas públicas habitacionais, para que se mantenham "a conservação e a sustentação das condições físicas, sociais e políticas que possibilitaram a realização daquela urbanização"[7].

Pode-se dizer ainda que essa Lei Estadual n. 7.633/1991 de 1991 constituiu um paradigma para o País, no sentido de que o governo federal a utiliza como modelo, tendo aprovado, em 1997, a Lei 9.433 que instituiu a Política Nacional de Recursos Hídricos, criando o Sistema Nacional de Gerenciamento de Recursos Hídricos[8].

O governo federal, assim, ao implantar essa legislação, mostra preocupação com os recursos hídricos nacionais, preocupação essa que, além de constar da Constituição Federal, se estende principalmente ao meio ambiente, com o intuito de assegurar, conforme os incisos I, II e III do art. 2º dessa lei, a disponibilidade de água para as futuras gerações, em padrões de qualidade adequados aos distintos usos. Mas essa gestão proposta na lei visa à utilização racional e integrada desses recursos hídricos do País – incluindo o transporte aquaviário – tendo em vista o desenvolvimento sustentável; objetivando ainda a "prevenção e a defesa contra eventos hidrológicos críticos de origem natural ou decorrentes do uso inadequado dos recursos naturais" (art. 2º, III).

Começa assim um novo desafio urbano, formado por um novo período em que o País procura se desenvolver com sustentabilidade, uma vez que as políticas públicas passam a assinalar a possibilidade de haver desenvolvimento econômico e social, desde que com qualidade ambiental, ou seja, o meio ambiente passa a ser parte indissociável desse desenvolvimento, que pode, assim, ser mais sustentável.

Essas questões ambientais agora expressas nacionalmente, também vinham sendo alvo de encontros internacionais, que visavam

---

[7] Laura Machado Bueno. Disponível em: <http://habitare.infohab.org.br/pdf/publica coes/arquivos/47.pdf.> Acesso em: 30 maio 2009. Pesquisa para a Finep 1998-1999; Fundação para a Pesquisa Ambiental – Fupam, focalizando oito experiências de urbanização de favelas, nas cidades de São Paulo, Diadema, Rio de Janeiro, Goiânia e Fortaleza.

[8] Desde 1934, foi aprovado o código das águas (código 24.643/1934), que focalizava o uso das águas, inclusive para a geração de energia elétrica, e que foi adaptado pelo Decreto n. 852/1938. Disponível em: <http://www.jusbrasil.com.br/legislacao/ navegue/1938/Decretos-lei>. Acesso em: 12 maio 2010. Mas a Constituição Federal de 1988 previu o gerenciamento dos recursos hídricos, que foi aprovado pela Lei n. 9.433/1997 que cria a Política Nacional dos Recursos Hídricos e o Sistema Nacional de Gerenciamento de Recursos Hídricos. In: KETTELHUT, Júlio Thadeu Silva; BARROS, Flávia Gomes, s.d. Disponível em: <http://www.bvsde.paho.org/bvsacd/encuen/flavia. pdf>. Acesso em: 12 maio 2010

conscientizar as nações sobre os riscos de não se controlar o consumo dos recursos naturais não renováveis. Preocupações como essas são destacadas em "reuniões internacionais convocadas pela ONU – Organização das Nações Unidas – desde os anos 1970, [destacando-se] a Conferência Rio-92 realizada na cidade do Rio de Janeiro" (BRUNA, 2006, p. 36).

Foi a partir desses encontros que as Agendas 21 foram programadas, relacionando as medidas de proteção ambiental que deveriam ser adotadas, a exemplo da Convenção do Clima e da Convenção sobre Diversidade Biológica, de modo que se pudesse proteger tanto o meio ambiente natural como o construído. Mas essas convenções podem trazer os resultados esperados se o País contar com uma gestão de qualidade para a implantação dessas políticas, e não só nacionalmente, mas, como são convenções internacionais, é preciso uma gestão global com liderança para que o acordo seja assinado por todos os participantes, o que não vem ocorrendo.

Vale lembrar ainda que o "Mecanismo do Desenvolvimento Limpo foi desenvolvido no âmbito do Protocolo de Quioto, que propõe uma redução de 5% dos níveis de emissão de gases poluentes que levam ao efeito estufa, em relação ao nível monitorado em 1990" (BRUNA, 2006, p. 36). Esse protocolo não teve sucesso total, pois dele não participaram alguns países importantes, como Estados Unidos, Canadá, Austrália e Rússia. Assim, apesar de o Protocolo existir,

> ele só foi implementado de fato em 2004 com a adesão da Rússia, segundo maior emissor de gases nocivos ao efeito estufa, atingindo assim a porcentagem de 55% de países poluentes. O acordo começou a valer em fevereiro de 2005[9].

Essas convenções e mecanismos associados acabam por introduzir discussões sobre as questões ambientais, cada vez mais aprofundadas, levando à ampliação da conscientização da população sobre a importância de preservar seu meio ambiente, o que certamente também acaba influenciando o aperfeiçoamento das políticas públicas, frente ao dinamismo urbano industrial.

---

[9] Disponível em: <http://www.brazuka.info/protocolo-de-kyoto.php>. Acesso em: 12 abr. 2010.

1.5 A Terceira revolução industrial

Uma vez iniciada, a revolução industrial vem se modificando continuamente, introduzindo alta tecnologia e assim transformando a dinâmica urbana num desafio a ser enfrentado pela sociedade.

Em sua terceira fase a revolução industrial se diferencia das anteriores, pois envolve mudanças que vão muito além das transformações industriais. Ocorre, agora, no dizer de Ronaldo Decicino, "uma fase em que os processos tecnológicos [são] decorrentes de uma integração física entre ciência e produção, [também conhecida como uma] revolução tecnocientífica"[10]. Pode-se dizer que as revoluções da robótica e da engenharia são incorporadas ao processo de produção. Consequentemente, modificam-se as localizações das funções urbanas, e começa-se a empregar menos mão de obra, que agora é substituída por máquinas de alta tecnologia. Passa-se a produzir com menos recursos e menos empregados, pois emprega-se uma tecnologia muito mais sofisticada, que não requer pessoal ocupado. Essas fases não são estanques, mas ocorrem superpondo-se com os movimentos produtivos anteriores, de modo que encontram-se, na metrópole, diversas áreas com distintas características produtivas.

Assim é que, em termos espaciais, ainda nos anos 1970, tem início na região metropolitana de São Paulo uma descentralização industrial, ou seja, as indústrias começam a se mudar da cidade, procurando outros locais próximos no interior do estado ou mesmo em outros estados. Isso ocorre por diversas interveniências. Pode-se dizer que uma delas é que a região metropolitana acabou regida por uma legislação de zoneamento industrial bastante severa que, ao não permitir mais a instalação de indústrias poluidoras, acabou gerando muitos usos não conformes, de acordo com a Lei Estadual n. 1.817/1978. Com isso, as indústrias não conformes ao zoneamento criado pela legislação, como tinham se instalado na área antes dessa lei, podiam permanecer na região, porém não podiam se expandir. Ora, assim, essa lei "congelou" essas áreas, fazendo com que, ao longo do tempo, paulatinamente, essas indústrias se mudassem de São Paulo, a procura de áreas maiores para atender suas novas necessidades.

---

[10] DECICINO, Ronaldo. Terceira revolução industrial. Atividades empregam alta tecnologia. Disponível em: <http://educacao.uol.com.br/geografia/terceira-revolucao-industrial-tecnologia.jhtm>. Acesso em: 12 abr. 2010.

Além disso, os movimentos sindicalistas que constantemente paralisavam as indústrias, também se constituíram numa forte razão para que seus proprietários procurassem outras localizações[11]. Por isso, concorda-se com Bluestone e Harrison (1982, p. 112) na afirmação de que "precisamos examinar três fenômenos inter-relacionados: as lutas entre firmas por participações de mercado, e conflitos entre empregadores e trabalhadores sobre salários e lucros, e o papel que o governo exerce na mediação desses contextos cruciais". Só assim é possível entender o poder econômico de determinada época e o papel que os diferentes elementos desempenham nessa economia.

Por outro lado, os processos de produção industrial também se modificaram. Essas mudanças acabaram envolvendo ainda as empresas comerciais e prestadoras de serviços, ou seja, é uma revolução da globalização, que afeta conjuntamente vários países. A tecnologia da informação permite agora que as empresas se situem mais livremente no espaço, a partir de novas formas de ação e novas diversidades de centros na região metropolitana e em suas imediações. Essas novidades acabam por formatar diferentes modos de vida do ponto de vista cultural e social, como se observa em São Paulo, com a convivência de novas centralidades urbanas, ao lado das tradicionais. E, assim, as atividades de alta tecnologia passam a liderar o desenvolvimento.

Antigas áreas industriais se esvaziaram, deixando enormes terrenos vazios ou com estruturas desocupadas, em municípios metropolitanos, como São Paulo e Santo André, dentre outros. Santo André[12], que primava pela produção de caminhões, automóveis e outros veículos motores, desde 1970 vem passando por um esvaziamento industrial contínuo, desocupando a área do Eixo do Tamanduateí, que abrange Estrada de Ferro, Avenida dos Estados e Avenida Industrial. Essas modificações produtivas ocorreram nos dois exemplos citados, em que diminuiu a migração e a expansão demográfica. Em Santo André como em São Paulo acentua-se a influência do comércio e dos serviços, por isso, fala-se numa metrópole com predomínio do setor terciário.

---

[11] Processos similares também ocorreram em outros países, como os Estados Unidos. Vide BLUESTONE, Barry; HARRISON, Bennett. *The Deindustrialization of America.* Plant Closings, Community Abandonment, and the Dismantling of Basic Industry. New York: Basic books, Inc. Publishers, 1982.

[12] Cenário para um futuro desejado. Disponível em: <http://www.santoandre.sp. gov.br/bn_conteudo.asp?cod=562>. Acesso em: 24 abr. 2010.

Essa desindustrialização, formando o chamado cinturão de ferrugem, também aconteceu no exterior, como a sudeste de Los Angeles,

> uma área que continha a maior parte das indústrias do sul da Califórnia não voltadas para a área de defesa, inclusive fábricas de automóveis, de pneus e um gigantesco complexo de aço e ferro. (...) [Mas o racismo também teve seu papel nessa transformação, formando bairros segregados, não por renda, mas por etnia: brancos e negros] Depois do tumulto em suas fronteiras a classe trabalhadora branca começou a abandonar o sudeste. (...) [mudando-se para Orange County que ia se industrializando rapidamente] (DAVIS, 2007, p. 226-227).

Mas, ao contrário do que ocorreu em Santo André, em Los Angeles o núcleo industrial

> não foi simplesmente abandonado [pois, rapidamente], capitalistas locais corriam para se aproveitar dos aluguéis baratos e incentivos fiscais no sudeste e do enorme suprimento de mão de obra imigrante mexicana. (...). As antigas fábricas de Firestone Rubber e da American Cars, (...) foram convertidas em indústrias de móveis não sindicalizadas, enquanto a grande Bethlehem Steel Works (...) era substituída por uma distribuidora de cachorro-quente, uma empresa produtora para comida chinesa e uma fábrica de móveis [vime]. [Houve uma transformação total da área, embora com outros usos industriais] além de centro de vendas diretas de roupas de grifes" (...) mas a GM South Gate, permaneceu uma área vazia de 36 hectares (DAVIS, 2007, p. 228).

Como se vê a desindustrialização é peculiar a vários locais e países. No caso de São Paulo, os problemas metropolitanos passaram a ser sentidos em muitos municípios das áreas mais próximas, com saturação do sistema viário e necessidade de articulação coletiva para tratar dessas questões ao mesmo tempo municipais e metropolitanas. "Há necessidade de desenvolvimento da capacidade gerencial, principalmente numa metrópole em que há um "alto grau de conurbação, e onde os arranjos de gestão metropolitana existentes têm-se mostrado pouco efetivos (...)" (CARNEIRO; BRITTO, 2009).

Além disso, muitos municípios eram predominantemente cidades dormitórios, e seus habitantes procuravam os empregos em áreas industriais e também no setor de comércio e serviços, principalmente na área central que contava com essas atividades. Daí o grande número de viagens residência–área central de São Paulo, por motivo de trabalho, e também para os municípios que estavam se industrializando. Nesses casos, primeiramente era importante para o trabalhador morar perto das estações ferroviárias, seu principal modo de viagem para ida ao trabalho. Posteriormente, com a predominância do setor rodoviário, as principais rodovias e os serviços de ônibus é que passaram a atrair a localização dos trabalhadores. Essas áreas eram adquiridas na periferia, em virtude do custo mais barato da terra, ou eram invadidas, constituindo favelas, das quais poucas se formaram em terrenos privados, como a favela Paraisópolis.

Pode-se dizer que São Paulo fazia parte de uma

> listagem da ONU [Organização das Nações Unidas] em 1994 [que] arrola um conjunto de megacidades e classifica São Paulo em quarto lugar no quadro das maiores aglomerações urbanas do mundo, logo abaixo de Tóquio, Nova York e Cidade do México (...). Esse quadro (...) reforça a observação da emergência de aglomerações urbanas com mais de 10 milhões de habitantes em diversos contextos sociais e econômicos, como traço mais marcante das atividades e funções que a nova economia tornou operacionalmente indispensáveis (MEYER; GROSTEIN; BIDERMAN, 2004, p. 160).

No caso da região metropolitana de São Paulo, seu espraiamento leva a acentuar a atuação dos demais centros regionais de consumo, criando mesmo, conforme Meyer, Grostein e Biderman (2004), novos padrões visuais e mesmo identidades corporativas empresariais.

> Assim, [dizem esses autores], os equipamentos regionais de consumo, como os *shopping centers*, por exemplo, localizam-se em pontos estratégicos da circulação metropolitana, reforçando os polos de mobilidade metropolitana (...) que transformam seu entorno e [se tornam] (...) importantes pontos de distribuição de mercadorias e de oferta de serviços e lazer (...) (MEYER; GROSTEIN; BIDERMAN, 2004, p. 174).

E continuam afirmando que "causam significativos impactos funcionais e visuais sobre o ambiente metropolitano e introduzem novos padrões de administração e atendimento ao consumidor, bem como nova gestão dos estoques" (MEYER; GROSTEIN; BIDERMAN, 2004, p. 174).

As novas centralidades se especializam pela localização de empresas multinacionais e de informatização, que eliminam mão de obra e, nesse sentido contribuem para aumentar o desemprego, uma vez que se consegue produzir mais eficientemente com a alta tecnologia, dispensando a mão de obra. Nas metrópoles, começa a despontar uma sociedade em que predomina o trabalho feito por máquinas com poucos técnicos que coordenam as atividades. Pode-se dizer ainda que o motor da revolução industrial começa a se mover em função da biotecnologia e da nanotecnologia, desenvolvendo, remédios e novos tipos de robôs a partir de material orgânico, dentre outros, com impactos ambientais específicos que transformarão ainda mais as possibilidades de desenvolvimento sustentável[13].

Como mencionado, com a terceira revolução industrial, grande parte da produção que antes contava com abundante mão de obra, agora foi tecnologicamente substituída por máquinas (robôs) que passaram a fazer o trabalho dos empregados então dispensados, uma vez que a "revolução da comunicação" veio permitir essa mecanização. Soma-se a isso a flexibilidade industrial, em que a produção é trabalhada em diferentes empresas que entregam seus produtos transformados em partes do produto total, *just in time*, em oposição à indústria Fordista, tradicional, que verticalizava a produção.

Nas regiões metropolitanas essa flexibilização produziu um *spin-off* de pessoal qualificado das grandes empresas industriais tradicionais, que se recolocaram, criando muitas pequenas e médias empresas que acabaram se localizando no interior do estado, formando extensas áreas conhecidas como Arranjos Produtivos Locais – APLs, ou *clusters* industriais. Esses APLs passaram a gerar trabalho e renda; trabalho porque nem sempre eram gerados empregos formais. Para transformar o pessoal informal em micro empresas, tanto os estados, por suas secretarias, como o governo federal, por meio do Serviço de Apoio às Micro e Pequenas Empresas (Sebrae), vêm atuando nos locais onde esses APLs estão instalados.

Muitas Prefeituras Municipais, ao desenvolverem seu Plano Diretor de Município, também estão procurando reservar áreas para a localização industrial, principalmente esses APLs que quase sempre estão situados nas áreas centrais dos municípios e vêm sendo convidados – sem sucesso – a se instalarem em distritos industriais das prefeituras, ou em outros construídos por empresas privadas. Fenômenos como esses ocorreram, não só em vários estados brasileiros, como em outros países, como na Itália, na Emilia Romana.

---

[13] NANOCIÊNCIA, 05 jan. 2006, Nanotecnologia impulsiona revolução científica. Disponível em: <http://educacao.uol.com.br/geografia/terceira-revolucao-industrial-tecnologia.jhtm>. Acesso em: 12 abr. 2010.

No Estado de São Paulo, e mesmo em outros estados no Brasil, muitos desses APLs são conhecidos por sua eficiência de produção, como o APL de joias e bijuterias em Limeira e o APL de calçados em Franca. São conhecidos também, como mencionado, por gerarem trabalho, embora nem sempre emprego e renda (BRUNA et al., 2006).

De um modo geral, em todo o estado, tanto a Secretaria de Desenvolvimento, como o Governo Federal, por meio do Sebrae, vêm dando suporte à implantação desses APLs, procurando estruturar as empresas informais que se formaram. A Cetesb tem direcionado as questões de poluição e de produção mais limpa. Desse modo, no caso de São Paulo, as pequenas e médias indústrias acabaram levando o desenvolvimento para outras regiões do estado, numa forma complementar de "revolução industrial", pois a mão de obra passa a ser usada em sinergia entre as empresas do APL, com melhores resultados econômicos e de qualidade da produção.

No entanto, a revolução industrial segue seu fluxo de inovação e, com a revolução da informática e do trabalho a distância, inicia-se outra fase de produção, em que os projetos podem ser compartilhados com empresas e pessoas em diferentes regiões e países. Por isso, muitas vezes a localização do emprego pode não mais se prender aos sistemas de circulação, nem às características geográficas, pois a comunicação por internet modifica os relacionamentos humanos e, consequentemente, a relação destes com o território.

1.6 O espraiamento da metrópole e a globalização

Na região metropolitana, as áreas antigamente ocupadas por indústrias que se descentralizaram passaram a ser utilizadas por grandes empresas de comércio e serviços como hipermercados e grandes lojas. O setor imobiliário encontrou novas oportunidades de empreender edifícios de escritórios e apartamentos. Na metrópole paulista, essa expansão, em que novas centralidades se constituíram com a localização de empresas multinacionais e outros empreendimentos, a metrópole se espraia. Ou seja, conforme Spósito (2009, p. 39-40), diferentes espaços urbanos em distintas situações vêm sofrendo mudanças, mostrando a constituição de novas formas de produzir e de se apropriar do espaço. Dessas, a autora destaca os novos "hábitats residenciais", organizando condomínios horizontais e verticais, além da localização das novas atividades de comércio e serviços do terciário superior, e mesmo das atividades produtivas se reorganizando em função da tecnologia e de sua localização no espaço. Por isso, Spósito (2009) sublinha que é importante olhar a metrópole de outro modo, procurando compreender o novo projeto da cidade contemporânea, requalificada pelos novos processos socioeconômicos, ambientais e culturais que vêm reformulando os espaços urbanos, amalgamando-os com espaços rurais nessa dispersão e fragmentação do tecido urbano.

Na metrópole de São Paulo, em relação ao comércio e aos serviços, destacam-se as localizações estratégicas da nova centralidade localizada, segundo o vetor sudoeste, nas imediações da Avenida Engenheiro Luiz Carlos Berrini e Avenida das Nações Unidas (marginal ao rio Pinheiros), que forma uma descontinuidade com o tecido urbano consolidado e seus espaços públicos. Essa nova área, segundo Frúguli (2000), constitui-se de espaços de monofuncionalidade, em que praticamente não há um compromisso das empresas ali instaladas com a própria cidade, pois essas empresas não são donas do espaço em que se situam e sim fazem locações, pagando altos aluguéis, e podendo, se for conveniente, abandonar o local facilmente. Nesse caso, pode haver uma desocupação da área gerando uma posterior degradação, de modo similar ao que vem ocorrendo no centro tradicional da cidade.

No entanto, em oposição à estruturação dessas áreas, fortalecidas pelo setor terciário superior, inovações comerciais e habitações em condomínios, as áreas de ocupação precária e irregular continuam necessitando urgentemente de higiene e saúde ambiental, em suas habitações. Normalmente, as habitações dessas áreas não acompanham os padrões propostos pela legislação urbanística e ambiental, existindo, quanto a essas condições, em situação informal, irregular ou clandestina.

Essa urbanização carente, típica da população de baixa renda, muitas vezes é resultante do paternalismo de vários governos que sempre estão afetos a anistiar as irregularidades urbanas e ambientais, muitas vezes deixando para essa população localizações em áreas ambientalmente frágeis, não adequadas à habitação social. Nessas comunidades há ausência de infraestrutura de saneamento, falta de acesso por transporte público etc., formando áreas em que o espaço público, ou não existe, ou não tem a qualidade necessária.

Há, ainda, áreas que vêm sendo construídas por mutirões autogeridos, que contam, em suas assembleias, com representantes eleitos na comunidade. Muitas das pessoas que vão morar nesses locais participam das construções, praticamente aprendendo a realizar essa obra, num esforço coletivo. Em muitos desses casos, as prefeituras oferecem apoio, com técnicos e equipe de serviço social, que procuram, dentre outros, formar espaços públicos de lazer e de reunião da comunidade.

Vale lembrar ainda que, atualmente, muitos planos diretores de municípios propõem zoneamentos que preveem Zonas Especiais de Interesse Social (Zeis) em que é possível construir habitações de interesse social e habitações de interesse popular, conforme a renda familiar, respectivamente de zero a três salários mínimos (SM), mas que também atendem pessoas com renda de até 10 salários mínimos. Esse é o Programa Minha Casa Minha Vida do governo federal.

> "Para a renda de até três SM, podem ser casas térreas com 35 m^2 a apartamentos de 42 m^2. Para as famílias com renda de três a 10 SM, suas habitações serão subsidiadas nos financiamentos, com recursos do FGTS (Fundo de Garantia por Tempo de Serviço). As habitações para famílias com renda superior a seis SM até 10 SM, poderão contar com redução dos custos do seguro e acesso ao fundo garantidor da habitação"[14].

Mas também há programas estaduais, como, no caso de São Paulo, em que as habitações são construídas pela Companhia de Desenvolvimento Habitacional e Urbano do Estado de São Paulo (CDHU) que

> atende famílias na faixa de renda de um a 10 SM, atuando também na regularização fundiária. A Secretaria de Habitação do Estado conta com o Programa Legal, como auxílio aos municípios, com orientação e apoio técnico para regularização do parcelamento do solo, construção de conjuntos habitacionais, condomínios e assentamentos precários e favelas, sejam públicos ou privados, mas para fins residenciais, nas áreas urbanas ou de expansão urbana, conforme legislação municipal e decreto estadual (Dec. Estadual n. 52.052 de 13 de agosto de 2007)[15].

Observa-se que os municípios também participam de planos habitacionais, como a Cohab Metropolitana de Habitação de São Paulo, "cria-

---

[14] Minha Casa Minha Vida, p. 14. Disponível em: <ttp://www.mrv.com.br/pacote/pdf/minha_casa_minha_vida.pdf>. Acesso em: 07 maio 2010.

[15] Disponível em: <ttp://www.habitacao.sp.gov.br/saiba-como-funciona-a-cdhu/index.asp>. Acesso em: 07 maio 2010.

da em 1965 para possibilitar acesso da população carente à moradia, segundo as normas e critérios do governo municipal e da legislação federal"[16].

Essas são as características das grandes metrópoles que convivem com desigualdades sociais, e cujas políticas públicas procuram equilibrar e melhorar esses contrastes. Assim, além desses programas públicos há também projetos privados e projetos do terceiro setor que procuram atender às necessidades das comunidades carentes.

Essa é uma metrópole viva cujo dinamismo está modificando essas áreas urbanas continuamente, seja para a criação de novas áreas e centralidades, seja para melhorar a situação da população desfavorecida. Por isso é que, em São Paulo, a prefeitura aprovou algumas Operações Urbanas Consorciadas com as quais procura delinear um zoneamento tal que a iniciativa privada possa considerar a possibilidade de investir na área, comprando potencial de construção acima daquele básico, aprovado pelo zoneamento. Esse volume de recursos, entretanto, por lei, deve ser aplicado na própria área da Operação Urbana, em projetos de intervenção na cidade como um todo e na área específica, em investimentos para a população de renda mais baixa, oferecendo projetos de habitação de interesse social. Associa-se assim a intervenção pública que gera essa possibilidade, criando uma lei específica para cada Operação Urbana[17], com a intervenção de investidores privados que constroem na área, de acordo com essa legislação.

Essa é uma metrópole que atrai a população, que nela encontra suas atividades e consegue alguma qualidade de vida, conforme seus recursos, neles contados os programas governamentais. Mas, ao analisar uma situação como essa, pode-se lembrar que o processo de globalização da economia afeta a todos os países em diferentes formas. O meio ambiente urbano que abriga os serviços globais e o turismo internacional, como diz Mike Davis (2007), precisa manter a vitalidade da área, pois independentemente da ocupação ou não pelos serviços globais, seus orçamentos locais devem ser mantidos, de forma que essas áreas não entrem em decadência por decisões econômicas globais.

---

[16] Disponível em: <http://www.prefeitura.sp. gov.br/cidade/secretarias/habitacao/cohab>. Acesso em: 07 maio 2010.

[17] São Paulo conta com muitas Operações Urbanas, como Água Branca, Leopoldina–Jaguaré, Águas Espraiadas, Faria Lima, Operação Centro, dentre outras que estão sendo propostas.

Por exemplo, uma região como a da Avenida Luís Carlos Berrini, que concentra preferencialmente instituições financeiras, como bancos, seguradoras, escritórios governamentais e centros de telecomunicação, formando redes regionais multissituadas, pode sofrer uma globalização do medo que acelere a dispersão tecnológica de suas organizações (DAVIS, 2007). Também, "O tradicional centro da cidade", fala Davis sobre Nova York (2007, p. 23), "onde os prédios e os valores dos terrenos vão até o céu, ainda não está morto, mas a pulsação vai enfraquecendo". E, isso ocorre, segundo esse autor, porque o terror se torna sócio da tecnologia e de seus fornecedores, que pregam um processamento distribuído, em local de trabalho também distribuído, mudando assim o modelo de ocupação do espaço, levando para "escritórios satélites, trabalho a distância" e substituindo o "monstro obsoleto do arranha-céu", tornando esses prédios muito altos, pouco econômicos.

Nesses processos econômicos o sistema viário tem uma parte preponderante para permitir que a economia flua e a região produza, enriquecendo o País e permitindo melhor qualidade de vida, como o Rodoanel Metropolitano de São Paulo, que tem como finalidade organizar o trânsito de passagem pela metrópole, retirando da área urbana o trânsito de grandes caminhões. Desse modo, pode-se pensar também em geração de trabalho e renda, à medida que se consiga ordenar o território metropolitano e, simultaneamente, controlar a ocupação de seu meio ambiente, diminuindo as viagens residência–trabalho e melhorando as condições de mobilidade da população.

1.7 O Transporte coletivo metropolitano

O transporte coletivo, seja por ônibus, trens ou metrô, de acordo com pesquisa realizada em 2007, foi valorizado, representando 55% das viagens, enquanto transporte individual chegou a representar 45%. O Metrô aumentou a oferta de lugares em 45% e a CPTM aumentou em 84%. Houve também um aumento da abrangência, acrescentando 3 km à linha 2 do Metrô (Verde) e mais 8,5 km à linha 9 da CPTM (Esmeralda), e foi também feita a modernização da linha 12 (Safira), com novas estações. O nível de posse de automóveis pelas famílias não sofreu alteração, pois, em 1997, 49% das famílias não tinham carro e, em 2007, esse índice foi de 50%. Pela primeira vez, essa pesquisa verificou que 7% das famílias possuem motocicleta, porém o número de bicicletas é mais relevante, sendo que 24% das famílias têm uma bicicleta e 9% têm mais que uma. A pesquisa destaca ainda que o número de viagens motorizadas por dia cresceu de 20,6 milhões em 1997 para 25,3 milhões em 2007. Já as viagens a pé representaram 32,9% dos deslocamentos, e a principal razão para escolher andar a pé é a pequena distância (88,6%). Quanto à motorização, entre 1997 e 2007 a proporção manteve-se em 186 automóveis particulares por grupo de mil habitantes. A população e a frota de automóveis particulares cresceram em igual proporção, 16% no período. Pode-se atribuir uma grande importância à recuperação da participação das viagens por transporte coletivo, com 55% de participação contra 45% do transporte individual[18].

Além disso, a metrópole paulistana conta com o Plano Integrado de Transportes Urbanos 2025 que procura atuar, por meio de revisões periódicas, com a inclusão de novos dados, inclusive transformações sociais e econômicas. Esse plano propõe metas e atualização constante para que se chegue a uma "metrópole competitiva, saudável, equilibrada, responsável e cidadã" (Pitu 2025, 2006)[19]. Nessas novas formas de ver a metrópole, depreende-se da Síntese do Pitu 2025, que, para sua atualização, procura-se trabalhar integradamente com as diversas funções urbanas e não mais setorialmente; procura-se também focalizar a gestão da demanda, que permite antever as mudanças necessárias na infraestrutura urbana; e, assim, modificar e reestruturar os caminhos, seja por trilhos, seja por estradas. Pode-se considerar, assim, que esse plano também cuida das vias urbanas, podendo-se incluir no sistema o Rodoanel Metropolitano que permite desviar o tráfego pesado das áreas mais centrais da cidade.

A pergunta que se faz é: será que os cidadãos têm consciência de como podem melhorar sua mobilidade?

Segundo Zygmunt Bauman (1999), a mobilidade também pode ser considerada em relação aos efeitos dos processos de globalização que não são uniformes, como se pode supor; são diferenciados e diferenciam com a dimensão dos negócios. E, mais ainda, essa nova liberdade

---

[18] Fonte: Texto baseado em dados oferecidos pelo Portal do Governo do Estado de São Paulo. Disponível em: <http://www.saopaulo.sp. gov.br/spnoticias/lenoticia. php?id=98457>. Acesso em: 07 maio 2010.

[19] Pitu 2025. Disponível em: <http://www.stm.sp. gov.br/images/stories/Pitus/Pitu2025/ Pdf/Pitu_2025_02.pdf>. Acesso em: 09 maio 2010.

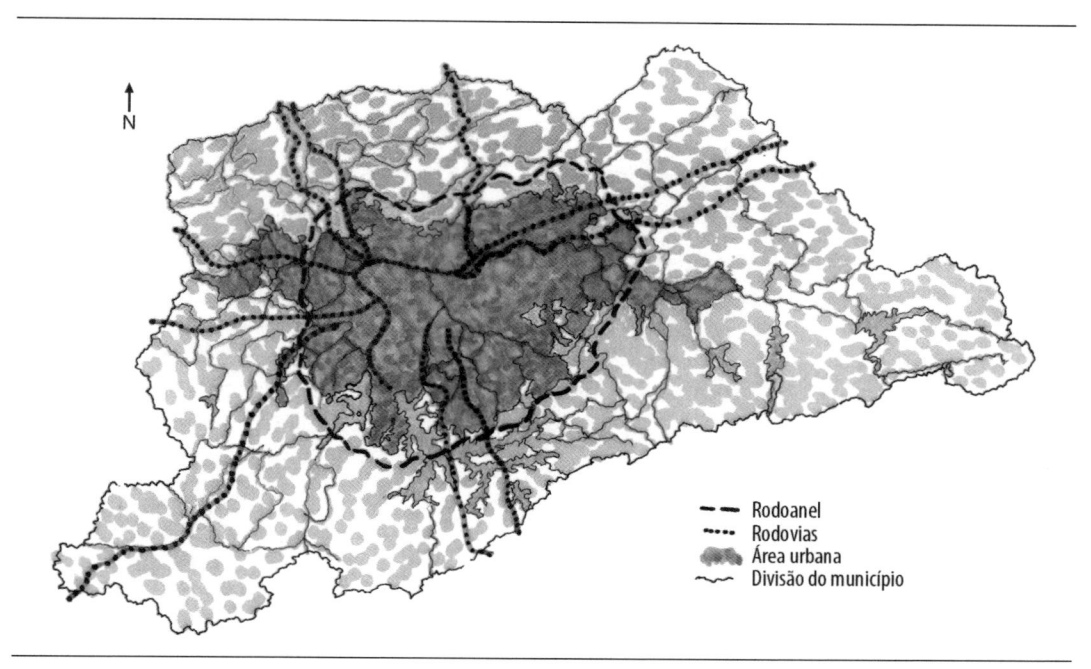

FIGURA 1.3 – O rodoanel metropolitano.
Fonte: Ilustração elaborada a partir do mapa do Instituto Geográfico e Cartográfico. Desenhada por Christiane Ribeiro e Gilda Collet Bruna, maio 2010. A figura, aqui reproduzida em P&B, está disponível em cores no site da editora: <www.blucher.com.br>.

de movimento leva a processos globalizantes que se interligam com pressões globais e locais, permitindo falar em "glocalização", ou seja, a pressão local exercida pela globalização. Nessas condições, desponta-se um mundo que não precisa mais do trabalho, levando à pobreza local, em que as riquezas são globais e a miséria é local. Segundo Bauman (1999, p. 82),

> as tecnologias que efetivamente se livram do tempo e do espaço precisam de pouco tempo para despir e empobrecer o espaço. Essas tecnologias tornam o capital verdadeiramente global. E, todos aqueles que não podem acompanhar nem deter os novos hábitos nômades do capital, acabam observando impotentes a degradação e desaparecimento do seu meio de subsistência e se indagam de onde surgiu a praga.

Mais ainda, continua Bauman (1999, p. 86),

> a globalização arrasta as economias para a produção do efêmero, do volátil (por meio de uma redução em massa universal da durabilidade dos produtos e serviços) e do precário (empregos temporários, flexíveis, de meio expediente).

Ainda Bauman (1999, p. 97) destaca o fenômeno para os habitantes do primeiro mundo e para o segundo mundo. No primeiro caso vê-se um

> mundo cada vez mais cosmopolita e extraterritorial dos homens de negócios globais, dos controladores globais da cultura e dos acadêmicos globais – as fronteiras dos Estados foram derrubadas, como o foram para as mercadorias, o capital e as finanças.

Mas, para o segundo mundo há "os muros constituídos pelos controles de imigração, as leis de residência, a política de "ruas limpas e tolerância zero [que] ficaram mais altos", (BAUMAN, p. 97), formando assim um abismo social cada vez maior...

Não tanto um abismo, pode-se dizer, mas diferenças significativas do ponto de vista socioeconômico, quando se trata de visualizar as áreas de influência das cidades, em que algumas se destacam como centros maiores, mais desenvolvidos, com oferta de trabalho, enquanto outros são pequenos núcleos urbanos de onde precisam se mover para os grandes centros para adquirir bens e serviços. Nesse sentido destaca-se, no Brasil, a metrópole de São Paulo, com sua influência nacional.

Segundo o Ministério do Planejamento, Orçamento e Gestão (2008, p. 13),

> São Paulo, Grande Metrópole Nacional, tem projeção em todo o País e sua rede abrange o Estado de São Paulo, parte do Triângulo Mineiro e do sul de Minas Gerais, estendendo-se a oeste pelos Estados de Mato Grosso do Sul, Mato Grosso, Rondônia e Acre[20].

Essa metrópole nacional, conforme essa bibliografia do Ministério do Planejamento, IBGE (2008, p. 13), tem influência nos municípios:

> Campinas, Campo Grande, Cuiabá (Capitais regionais A); São José do Rio Preto, Ribeirão Preto, Uberlândia e Porto Velho (Capitais regionais B); Santos, São José dos Campos, Sorocaba, Piracicaba, Bauru, Marília, Presidente Prudente, Araraquara, Araçatuba, Uberaba, Pouso Alegre, Dourados e Rio Branco (Capitais regionais C). Também é relevante mostrar que fazem parte dessa rede os Centros subregionais A: Franca,

---

[20] A metrópole de São Paulo concentra 28% da população do país e 40,5% do Produto Interno Bruto em 2005, segundo o Ministério do Planejamento, Orçamento e Gestão (2008, p. 13).

Limeira, São Carlos, Rio Claro, Jaú, Botucatu, Catanduva, Barretos, Ourinhos, São João da Boa Vista, Poços de Caldas, Patos de Minas, Alfenas, Barra do Garça, Cárceres, Rondonópolis, Sinop e Ji-Paraná. Resta ainda mencionar os Centros subregionais B que são: Itapetininga, Bragança Paulista, Araras, Guaratinguetá, Assis, Avaré, Andradina, Registro, Itapeva, Ituiutaba, Itajubá, Cruzeiro do Sul, Cacoal, Ariquemes e Vilhena.

Vê-se assim, no Mapa Metrópole Nacional, a extensão da influência da região metropolitana de São Paulo. Destacam-se as ligações aéreas intermetropolitanas em que São Paulo é um *hub* e secundariamente encontra-se Brasília. Nas ligações regionais efetuadas por ônibus, encontra-se o grupo mais ao norte formado por Belém, Fortaleza, Recife e Salvador; e em outro nível, grupo constituído por Goiânia e Brasília; e, finalmente, o grupo formado por São Paulo como foco, reunindo Rio de Janeiro, Belo Horizonte, Curitiba e Porto Alegre.

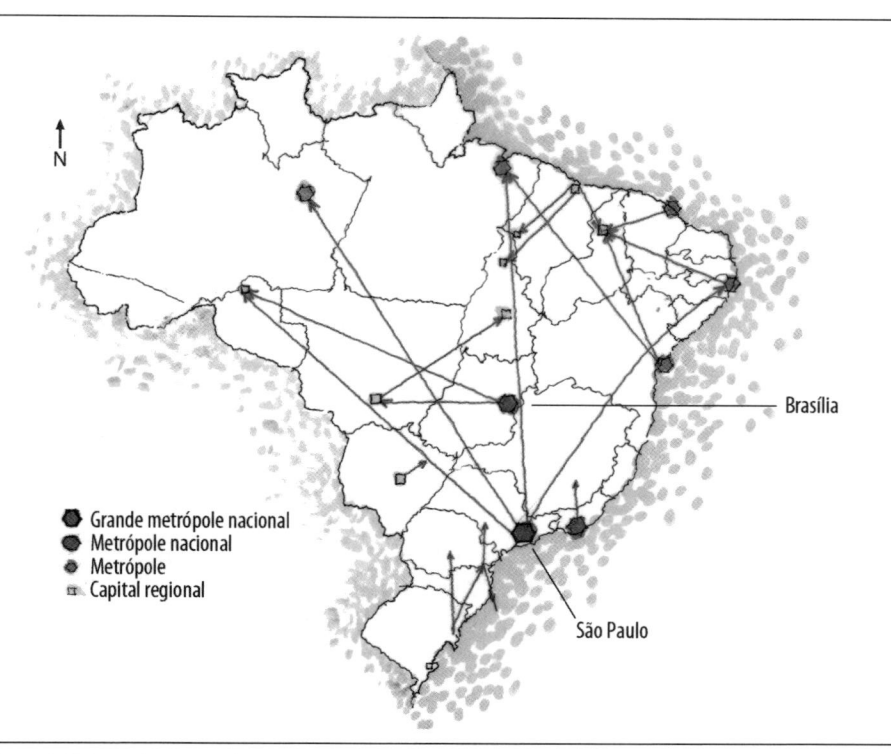

FIGURA 1.4 – Influência da metrópole nacional.
Fonte: Ilustração produzida a partir de mapa do Observatório das metrópoles. Disponvel em: <http://web. observatoriodasmetropoles.net/images/materias/rede_urbana07.jpg>. Acesso em: 23 abr. 2010. Desenhada por Christiane Ribeiro e Gilda Collet Bruna, maio 2010. A figura, aqui reproduzida em P&B, está disponível em cores no site da editora: <www.blucher.com.br>.

Há ainda outras ligações atraídas por São Paulo. Observa-se assim que há diferentes interações entre os centros dessa rede urbana, dependendo do tipo de fluxo, seja de comando, econômico-financeiro, seja de pessoas (MINISTÉRIO DO PLANEJAMENTO, ORÇAMENTO E GESTÃO, 2008).

Também, segundo o Ministério do Planejamento, IBGE (2007), Porto Velho e Rio Branco estão na área de influência de São Paulo, a mais de 3,6 mil km de distância. Há cerca de 40 anos essas capitais não estavam subordinadas a São Paulo, mas a Belém e a Manaus. A transformação ocorrida foi o resultado de uma rede logística e financeira, incluindo novas estradas e bancos, bem como sedes de empresas, e, ainda, conexões aéreas praticamente diárias, permitindo que hoje, um produto de Rondônia chegue rapidamente a São Paulo via terrestre, antes de o navio transportador aportar no Amazonas.

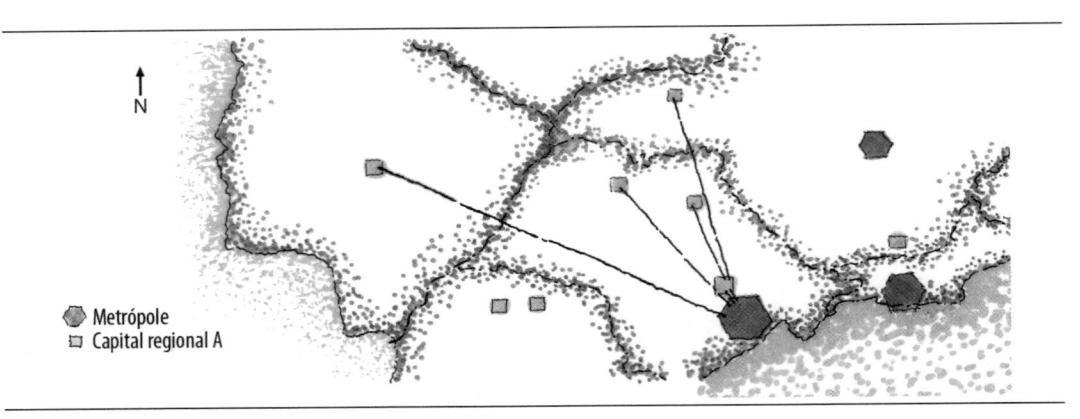

FIGURA 1.5 – A influência de São Paulo em outras regiões.
Fonte: Ilustração produzida a partir de mapa da SkyscraperCity. Disponível em: <http://www.skyscrapercity.com/showthread.php?t=726170>. Acesso em: 23 abr. 2010. Desenhada por Christiane Ribeiro e Gilda Collet Bruna, maio 2010. A figura, aqui reproduzida em P&B, está disponível em cores no site da editora: <www.blucher.com.br>.

Além desses centros, outros começam a se destacar em Mato Grosso, Rondônia e Tocantins, no oeste do Amazonas e no sul do Pará. Mas formam-se também novos centros como no Maranhão e no Piauí e, com isso, o panorama das redes de cidades mais consolidadas se transforma, ganhando o crescente comando das capitais estaduais. As localidades centrais comandam seu *hinterland* e num sistema de cidades articuladas em rede (MINISTÉRIO DO PLANEJAMENTO, ORÇAMENTO E

GESTÃO, 2008). Mais ainda, esses centros urbanos vêm se formando com rapidez, modificando a rede urbana, já no final do século XX (CORRÊA, 2006).

Como se observa, a rede urbana imprime uma forma espacial ao território, envolvendo suas cidades, sendo formada pelo conjunto de centros urbanos que estão funcionalmente articulados entre si. Nessa rede, sempre é possível identificar um centro mais importante, aquele de nível metropolitano nacional ou regional, que controla política e economicamente sua região de influência[21]. Pode se descortinar assim uma hierarquia, identificando os centros de distintos níveis e assim entender qual é a dimensão espacial dessa rede urbana. Detalhando-se a rede urbana, encontram-se especialização e hierarquização como fatores que a qualificam permitindo visualizar a complexidade dessa rede urbana, ao identificar

> uma metrópole e suas cidades-dormitórios e núcleos especializados, interligados; aglomeração urbana pela geminação de duas ou mais cidades de mesmo porte ou como miniaturização de uma área metropolitana; cidade-dispersa, constituída por um conjunto de cidades muito próximas umas das outras; (...) cidades médias e pequenas e minúsculos locais em torno de um ou dois estabelecimentos comerciais e de serviços (CORREA, 2006, p. 45).

Nesse processo de metropolização de São Paulo, ocorreu uma concentração bancária, dando essa metrópole um papel preponderante no território nacional. Houve assim o que Correa (2006, p. 97) chama de "consolidação de uma poderosa metrópole nacional"[22]. Esse estudo do Ministério do Planejamento, Orçamento e Gestão, datado de 2008, faz uma atualização das Regiões de Influência das Cidades, retomando a concepção já utilizada, mas privilegiando a função de gestão do território, focalizando então, a Gestão Federal e a Gestão Empresarial. E também os equipamentos e serviços, destacando: comércio e serviços, ensino superior, saúde, internet, redes de televisão aberta e conexões

---

[21] A metodologia adotada pelo Ministério do Planejamento, Orçamento e Gestão (2008, p. 129), foi proposta por Michel Rochefort – 1961, 1965 – e para a análise da rede urbana francesa, por Hautreux – 1963. Buscava-se identificar os centros polarizadores e suas áreas de influência, e os fluxos existentes entre estas, considerando a distribuição de bens (produtos industriais) e de serviços (do capital, administração e direção, educação, saúde e divulgação), atuando complementarmente.

[22] Ministério do Planejamento, Orçamento e Gestão, 2008, Metodologia, p. 134-138.

aéreas. (MINISTÉRIO DO PLANEJAMENTO, ORÇAMENTO E GESTÃO, 2008, Metodologia).

Ainda nas reflexões de Corrêa (2006, p. 256), a globalização é uma fase da espacialidade do ponto de vista capitalista, com suas corporações que atuam em escala global e cujo poder político e econômico lhes imprime uma função importante em termos de sua localização espacial. É assim que a globalização, segundo esse autor – de modo menos radical do que colocação de Bauman (1999) –, gera impacto também na organização espacial, "reestruturando espaços ou recriando diferenças entre regiões e centros urbanos", embora haja centros mundiais que consideram que o capitalismo possa ser social democrático, quando o Estado se faz presente.

No caso dos estilos culturais de vida e do meio ambiente o centro urbano se insere em graus diferentes, muitas vezes mostrando um abismo entre os dois mundos – global e local –, conforme os centros mencionados, mesmo na região metropolitana de São Paulo. A elite (os países desenvolvidos) pode ser considerada como o primeiro mundo e os pobres (os países em desenvolvimento) como o segundo.

Traçando-se um paralelo, a elite intelectual e profissional (poder público), no caso de São Paulo, pode ser considerada aquela que tratou da política de proteção aos mananciais e que organizou parâmetros urbanísticos ambientais bastante restritivos, para essas áreas. Essa elite objetivava controlar a poluição das águas, que poderia ocorrer pela deposição de esgotos domésticos, resíduos sólidos, e mesmo resíduos da produção industrializada. Nessa forma de tentar proteger os mananciais pelo uso do solo, acabou desconsiderando outros aspectos como a importância do saneamento básico, deixando, assim, a poluição tomar conta desses mananciais – pois as habitações irregulares ou clandestinas que lá estão instaladas não contam com esses serviços – e utilizou a energia hidrelétrica com a maior porcentagem, em sua tabela de recursos energéticos gerados. Desse modo, o uso múltiplo dos recursos hídricos merece maior atenção para que se otimizem a quantidade e qualidade da água, apesar dos diversos usos e atividades.

Essa política de Proteção dos Mananciais da Grande São Paulo foi instituída e implementada já na década de 1970, pelas Leis Estaduais n. 898/1975 e n. 1.172/1976.

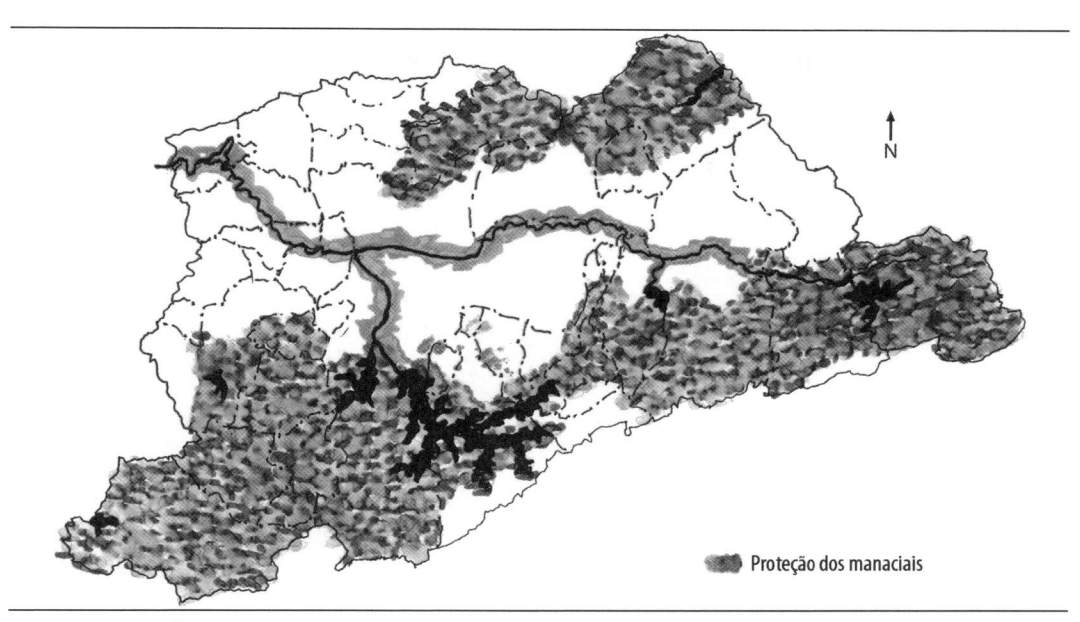

FIGURA 1.6 – Áreas de proteção aos mananciais da região metropolitana da Grande São Paulo.
Fonte: Ilustração produzida a partir de mapa da Cetesb. Disponível em: <www.cetesb.sp. gov.br>. Acesso em: 22 abr. 2010. Desenhada por Christiane Ribeiro e Gilda Collet Bruna, maio 2010. A figura, aqui reproduzida em P&B, está disponível em cores no site da editora: <www.blucher.com.br>.

A Lei n. 898/1975 disciplinou o uso do solo para a proteção dos mananciais, cursos e reservatórios de água e demais recursos hídricos de interesse da Região Metropolitana da Grande São Paulo e deu providências correlatas. Desse modo,

> projetos de loteamentos, arruamentos, edificações e obras, ou ainda a prática de atividades agropecuárias, comerciais, industriais e recreativas dependerão de aprovação prévia da Secretaria dos Negócios Metropolitanos, e manifestação favorável da Secretaria de Obras e Meio Ambiente, mediante parecer da Companhia Estadual de Tecnologia de Saneamento Básico e de Defesa do Meio Ambiente – Cetesb, quanto aos aspectos de proteção ambiental, sem prejuízo das demais competências estabelecidas na legislação, em vigor, para outros fins (Parágrafo único, art. 3º da Lei 898/1975).

Mais ainda, se essas atividades aqui mencionadas forem

> exercidas sem licenciamento (...), com inobservância desta Lei, ou em desacordo com os projetos aprovados, [reza essa legislação que], poderão determinar a cassação do licenciamento, se houver, e a cessação

compulsória da atividade ou o embargo e demolição das obras realizadas a juízo da Secretaria dos Negócios Metropolitanos, sem prejuízo da indenização, pelo infrator, dos danos que causar (art. 4º da Lei n. 898/1975).

Como mencionada, a proteção aos mananciais da região metropolitana de São Paulo passou a contar também com a Lei n. 1.172/1976 que delimitou as áreas de proteção relativas aos mananciais, cursos e reservatórios de água a que se refere o art. 2º da Lei n. 898, de dezembro de 1975, que estabeleceu normas de restrição de uso do solo em tais áreas e deu providências correlatas. Assim, essa lei vem detalhar o que seriam áreas de mananciais a preservar, impondo parâmetros urbanísticos e ambientais, como lote mínimo de 500 m², distância dos córregos e reservatórios, tipos de usos e densidades equivalentes a serem respeitadas em relação às atividades de comércio, serviços e indústrias, dentre outros. No entanto, essa legislação demonstrou ser muito restritiva, não dando espaço para que atividades que viessem a se implantar fossem viabilizadas, em termos de mercado. Dessa forma, ao inviabilizar a instalação de empreendimentos privados, essa lei acabou por incentivar a invasão da área de mananciais por população de baixa renda familiar que lá se instalou.

Sem recursos de infraestrutura de saneamento, essa ocupação despeja, ainda hoje, seus esgotos, a céu aberto, nos córregos e, por meio destes, acaba levando poluição para as represas de abastecimento, Billings e Guarapiranga, além de espalhar resíduos sólidos nas imediações, sem qualquer controle sanitário. Dessa forma, a poluição continua grande nessas áreas de mananciais, sendo necessário que a Companhia de Saneamento Básico do Estado de São Paulo (Sabesp) efetue um trabalho específico de despoluição das águas para que possam abastecer a população. É preciso, assim, instalar infraestrutura sanitária de forma a interromper esse ciclo de poluição, oriunda de uma ocupação irregular, cujo remanejamento da população é inviável, dada a dimensão dessas comunidades.

Por ser uma legislação de proteção aos mananciais, não surtiu efeito, não impedindo a ocupação por habitações irregulares ou clandestinas nas imediações das represas de abastecimento. Entretanto, impediu a ocupação empresarial, pois muitas empresas não conseguiam atender a todos os requisitos da Legislação n. 1.172/1976 cujos parâmetros propostos eram bastante restritivos à ocupação do solo. Essa restrição era mais rígida nas faixas de 1ª categoria, incluindo corpos d'água, faixas de proteção das margens, áreas cobertas por matas, áreas próximas às águas (cota inferior a 1,50 m), áreas de declividades acima de 60% (Lei n. 1.172/1976, art. 2º). Para as faixas de 2ª categoria as restrições eram menores, conforme se referissem à classe A, B ou C, mas mesmo assim desestimularam a ocupação empresarial[23]. Como se depreende, as restrições são bastante específicas em relação ao território nas áreas de proteção, e se tornaram impeditivas para a ocupação pelo setor privado, que não conseguia viabilizar seus empreendimentos no mercado. No entanto, essa legislação não foi obedecida pela população carente.

Embora essa legislação de proteção aos mananciais não tivesse surtido os efeitos esperados, e seus efeitos tivessem sido contrários àqueles propostos pela lei, alguns anos depois, em período de revisão, a decisão tomada foi de expandir essa mesma lei de proteção dos mananciais para todo o Estado de São Paulo. Assim foi aprovada a Lei n. 9.866/1997, que dispõe sobre Diretrizes e Normas para a Proteção e Recuperação das Bacias Hidrográficas dos Mananciais de Interesse Regional do Estado de São Paulo e dá outras providências. A lei agora considera, não só a Área de Proteção, como também a Área de Recuperação de Mananciais (APRM), abrangendo uma ou mais sub-bacias hidrográficas dos mananciais de interesse regional para abastecimento público. Mais ainda, essas Áreas de Proteção e Recuperação de Mananciais devem ser delimitadas por proposta do Comitê de Bacia Hidrográfica e por deliberação do Comitê dos Recursos Hídricos, tendo ouvido o Conselho Estadual do Meio Ambiente (Consema) e o Conselho de Desenvolvimento Regional. O órgão técnico de gestão passou a ser a Agência de Bacia ou, na sua inexistência, o organismo indicado pelo Conselho de Bacia Hidrográfica.

Desse modo, se desperta a conscientização sobre a premência de proteger os mananciais regionais e de conscientizar a população por meio dos Comitês de Bacia Hidrográfica, uma vez que esses comitês contam com a participação da comunidade, incluindo a sociedade civil, em suas decisões.

---

[23] Vide Lei n. 1.172/1976. Disponível em: <http://www.jusbrasil.com.br/legislacao/213026/lei-1172-76-sao-paulo-sp>. Acesso em: 14 abr. 2010.

É importante observar, entretanto, que toda essa organização para a proteção e recuperação de áreas de mananciais foi criada por lei estadual. Porém, para cuidar do meio ambiente, é preciso, ainda, contar com leis municipais de planejamento e controle do uso, do parcelamento e da ocupação do solo urbano que incorporem as diretrizes e normas ambientais e urbanísticas de interesse para a preservação, conservação e recuperação dos mananciais (Lei n. 9.866/1997, art. 19). Essas medidas vêm sendo tomadas, em relação à represa do Guarapiranga e à represa Billings.

Desse modo, foram elaboradas leis específicas, como a Lei Estadual n. 12.233 de 16 de janeiro de 2006, que define a Proteção e Recuperação dos Mananciais da Bacia Hidrográfica do Guarapiranga e dá outras providências correlatas. Com essa lei, destacam-se os objetivos de implementar uma gestão participativa descentralizada, abrangendo os diversos setores e instâncias governamentais, incluindo também a sociedade civil (art. 3º, inciso I).

Observa-se que todas as legislações desse período têm por característica fundamental serem participativas, isto é, a população da comunidade abrangida pela lei deve participar, assim como os governos do estado e dos municípios. Esse art. 3º, inciso II, também especifica que se deve integrar os programas e as políticas regionais e setoriais, e destaca, além disso, a questão da habitação, do transporte, do saneamento ambiental, da infraestrutura e do manejo de recursos naturais como integrantes de seus objetivos, assim como a geração de renda, o que é necessário à preservação ambiental. O inciso III do art. 3º trata das condições e instrumentos básicos para que se consiga assegurar e ampliar a produção de água para abastecimento, o que não prescinde da promoção de ações de preservação, recuperação e conservação dos mananciais da bacia hidrográfica do Guarapiranga.

Há ainda outros incisos, o IV, V, VI e VII do art. 3º que, respectivamente, focalizam as condições para atingir a meta de qualidade da água do reservatório Guarapiranga, água essa necessária ao abastecimento de, pelo menos, um terço da população da região metropolitana de São Paulo. Esses artigos disciplinam o uso e a ocupação do solo na área de influência do reservatório Guarapiranga, adequando os limites de cargas poluidoras ao regime de produção hídrica do manancial; além disso, entre os objetivos dessa lei específica encontra-se o de compatibilizar o desenvolvimento socioeconômico com a proteção e recuperação do manancial.

Destaca-se ainda o inciso VII, que trata do incentivo à implantação de atividades compatíveis com a proteção e recuperação do manancial. Finalmente, os três últimos objetivos do art. 3º, incisos VIII, IX e X, focalizam, respectivamente, as diretrizes e parâmetros regionais na elaboração das leis municipais de uso, ocupação e parcelamento do solo objetivando a proteção do manancial; o disciplinamento e reorientação da expansão urbana para fora das áreas de produção hídrica e de preservação dos recursos naturais, inciso IX; e procuram promover ações de Educação Ambiental, inciso X do art. 3º.

Ainda com relação a essa lei específica da Guarapiranga, no capítulo seguinte – das definições e dos instrumentos, capítulo 4º –, são tratadas as metas de qualidade da água, estabelecendo um modelo de correlação entre uso do solo e qualidade da água, tratando ainda de parâmetros urbanísticos básicos, índice de impermeabilização, coeficiente de aproveitamento máximo, lote mínimo, entre outros, como sistema de saneamento básico, licenciamento e regularização, infrações, e tem no Plano Diretor o instrumento da política urbana, da Lei do Estatuto da Cidade, conforme inciso XI do art. 4º.

Pode-se observar que tratar da água para abastecimento é um processo que exige conhecimento e técnica e que a obtenção de resultados pode demorar. Mas embora esse recurso durante milênios tenha sido considerado como infinito, na realidade, como coloca Barreto (2010, p. 6), "a quantidade é a mesma, o que muda são seu estado, sua conservação, sua distribuição e seu uso, modificados por todo tipo de agressão do homem". E essa autora continua: "o mau uso estava deteriorando e escasseando esse recurso natural". Por isso essa legislação específica para as bacias do Guarapiranga e Billings são importantes para que a sociedade local passe a colaborar na administração desses problemas que afetam a qualidade de sua água, aquela que vai servir a toda a sociedade.

Desse modo, continuando a análise dessas legislações específicas, (Lei n. 12.233/2006) focalizam estimativas para o futuro, como mostra o inciso IV do art. 4º, referindo-se a um cenário

> para a configuração futura do crescimento populacional, do uso e ocupação do solo e do sistema de saneamento ambiental da Bacia, constante do Plano de Desenvolvimento e Proteção Ambiental – PDPA, do qual decorre o estabelecimento das Cargas Metas Referenciais por Município e a Carga Meta Total.

Esse PDPA é muito importante porque trata especificamente da área da bacia hidrográfica que está sendo cuidada pela legislação. Nele se moldarão os parâmetros urbanísticos básicos, como índice de impermeabilização máxima, coeficiente de aproveitamento máximo e lote mínimo, para cada subárea de ocupação dirigida.

Destacam-se ainda, nessa Lei específica n. 12.233/2006, áreas de intervenção e áreas de restrição a ocupação. Dentre as intervenções destacam-se as áreas de ocupação dirigida, as subáreas de ocupação consolidada, as subáreas especiais corredores, as subáreas de ocupação diferenciada, as subáreas envoltórias da represa, as subáreas de baixa densidade, cada qual com seu parâmetro urbanístico, índices de impermeabilização e outros.

Há também as Áreas de Recuperação Ambiental em que os usos e ocupação estão comprometendo a quantidade e qualidade da água, exigindo intervenção corretiva. Outro capítulo é dedicado à infraestrutura de saneamento ambiental, tratando dos efluentes líquidos, dos resíduos sólidos, das águas pluviais e do controle de cargas difusas.

Em termos de gestão ambiental, para sua fundamentação, há um capítulo de gerenciamento de informações e de monitoramento da qualidade ambiental. Além desse capítulo, destaca-se o capítulo sobre Licenciamento, Regularização, Compensação e Fiscalização. Finalmente, o Capítulo IX focaliza o Suporte Financeiro, seguindo-se infrações e penalidades, disposições finais e transitórias. Com isso espera-se que os municípios, em suas participações nos comitês de bacias, consigam controlar e recuperar a degradação dessas áreas de mananciais.

Isso também é considerado na Lei Estadual n. 13.579 de 13 de julho de 2009 que define a área de proteção e recuperação dos mananciais da bacia hidrográfica do Reservatório Billings, APRM-B e dá outras providências. Essa é uma lei Específica para a represa Billings, similar àquela feita para a represa Guarapiranga, aqui mencionada, de interesse regional para o abastecimento das populações atuais e futuras, de acordo com a Lei de Proteção aos Mananciais do Estado de São Paulo, Lei Estadual n. 9.866/1997. Ambas as leis específicas, das represas Billings e Guarapiranga estão vinculadas ao Sistema de Planejamento e Gestão e este está vinculado ao Sistema Integrado de Gerenciamento de Recursos Hídricos, de forma articulada com os Sistemas de Meio Ambiente, Transporte e Desenvolvimento Regional do Estado.

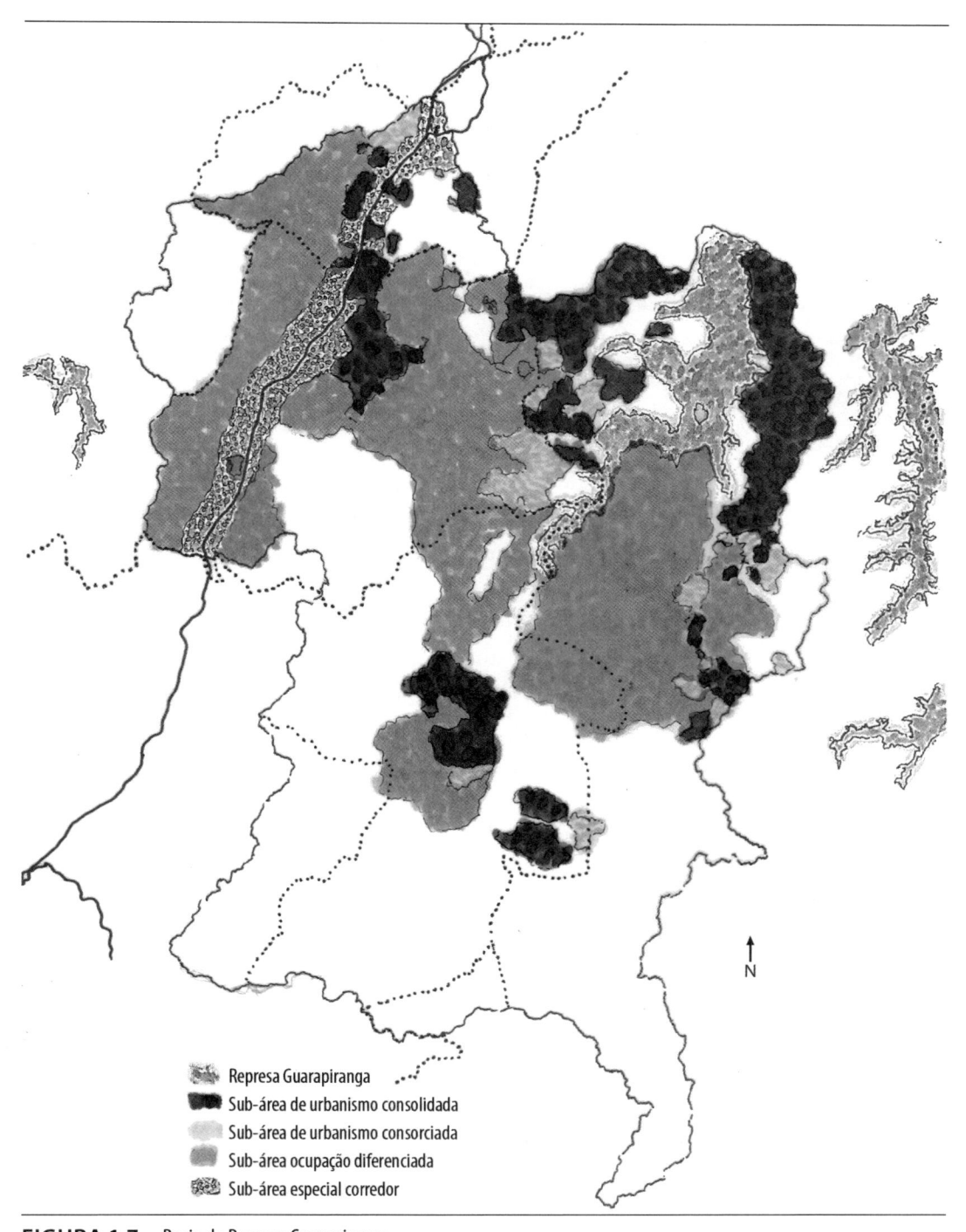

FIGURA 1.7 – Bacia da Represa Guarapiranga.

Legenda:
- Represa Guarapiranga
- Sub-área de urbanismo consolidada
- Sub-área de urbanismo consorciada
- Sub-área ocupação diferenciada
- Sub-área especial corredor

Fonte: Ilustração produzida a partir do site De Olho nos Manaciais. Disponível em: <http://www.mananciais.org.br/slideshow/albuns/1165253328/lei-especifica-e-app-semina.gif>. Acesso em: 23 abr. 2010. Desenhada por Christiane Ribeiro e Gilda Collet Bruna, maio 2010. A figura, aqui reproduzida em P&B, está disponível em cores no site da editora: <www.blucher.com.br>.

Essa Lei n. 13.579/2009, entre outros objetivos, visa manter o meio ambiente equilibrado, em níveis adequados de salubridade, conforme Inciso III do art. 3º, que trata "do abastecimento de água potável, da coleta, tratamento ou exportação do esgoto sanitário, de manejo dos resíduos sólidos, e da utilização das águas pluviais". Desse modo, observa-se que essa legislação trabalha em prol da sustentabilidade do ambiente, de seu uso e ocupação do solo, definindo no capítulo 3, art. 4º, o Compartimento Ambiental, a Área de Intervenção, Área de Restrição à Ocupação, Área de Ocupação Dirigida, Área de Recuperação Ambiental, Área de Reestruturação Ambiental do Rodoanel e as Metas de Qualidade da água, dentre outros. Trata ainda do Sistema de Planejamento e Gestão, dentre outros.

Mundialmente já se tem notícia de que há desentendimentos entre países por causa da água, como "a Turquia (...) [que] gasta muita água subterrânea em irrigação e utilização de *resorts* turísticos, e o lençol é o mesmo dos vizinhos. [Ou] Barcelona [que] compra água de Chipre no verão porque suas fontes não conseguem responder ao movimento turístico" (BARRETTO, 2010, p. 7).

Esses problemas fazem com que se reflita sobre como proteger as bacias hidrográficas brasileiras, principalmente considerando-se que, no Brasil, a água é uma fonte muito importante para a produção de energia hidrelétrica. Esse uso múltiplo dos recursos hídricos merece especial atenção em regiões metropolitanas com excesso de população, como ocorre em São Paulo. Nesse caso, já se têm aprovadas essas legislações específicas aqui comentadas, que permitem preservar a água das represas Guarapiranga e Billings. No entanto, não se pode dispensar, por parte de uma Gestão Ambiental, um monitoramento sobre a aplicação dessas legislações e a aferição de melhorias na qualidade das águas, seus usos múltiplos e cuidados com a escassez e necessidade de sua importação, como já ocorre na região metropolitana de São Paulo.

Como se depreende, ainda não se pode falar de resultados dessas legislações específicas, pois estão sendo feitas as compatibilizações da própria legislação com os Planos Diretores Municipais e com o Plano de Desenvolvimento e Proteção Ambiental. Assim sendo, praticamente ainda não foram iniciadas as implementações dessas leis.

Não se pode esquecer, no entanto, que para que se possa contar com os impactos positivos dessas legislações, é preciso que a atuação ocorra por meio do Sistema de Gestão Estadual de Recursos Hídricos, isto é, com os Comitês de Bacias Hidrográficas. É importante notar, no caso da represa Billings, que o manancial já perdeu 6,6% de sua cobertura vegetal, conforme dados fornecidos por De Olho Nos Mananciais[24]. Pela mesma fonte a cobertura florestal (Mata Atlântica) que ocupava 56,1% da Bacia em 1999, recuou para 53,6%. Também se estima que a área da Billings sofreu crescimento urbano da ordem de 31,7% em áreas com muitas restrições ao assentamento humano. Por isso, segundo essa mesma fonte, as taxas de ocupação urbana são preocupantes, principalmente as que vêm acompanhadas de movimento de terra, abertura de estradas, terraplanagem[25].

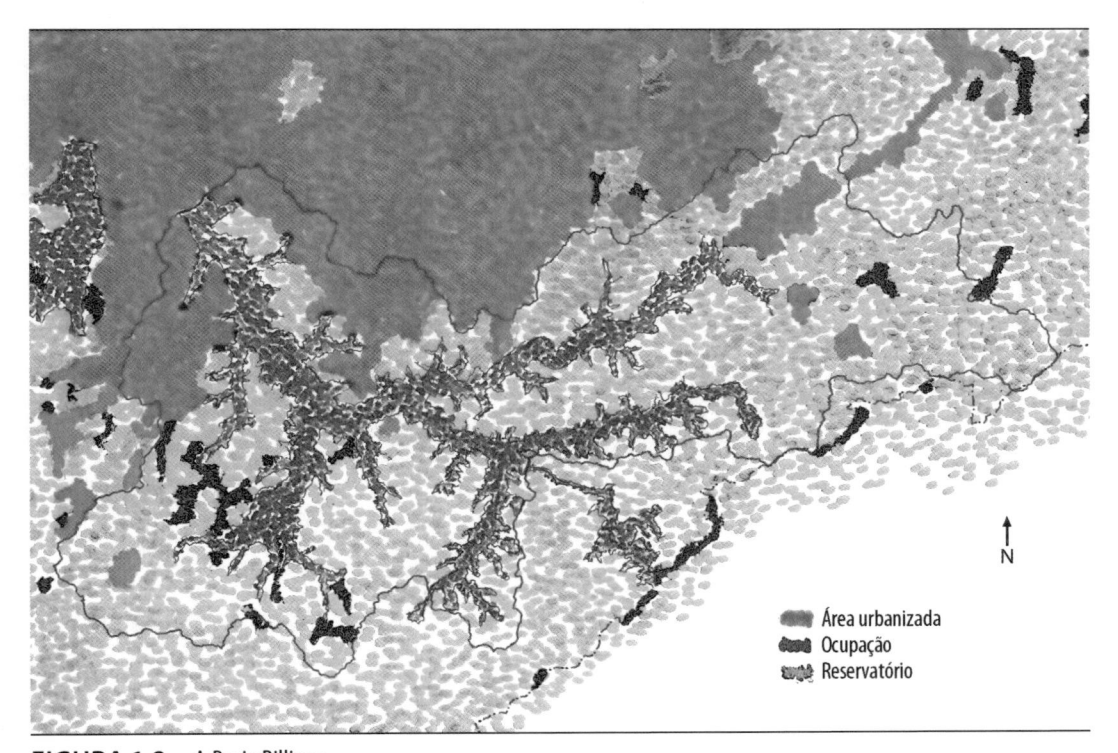

FIGURA 1.8 – A Bacia Billings.
Fonte: Ilustração produzida a partir do site De Olho nos Mananciais. Disponível em: <www.mananciais.org.br/mananciais/slideshow/al>. Acesso em: 22 abr. 2010. Desenhada por Christiane Ribeiro e Gilda Collet Bruna, maio 2010. A figura, aqui reproduzida em P&B, está disponível em cores no site da editora: <www.blucher.com.br>.

---

[24] Movimento De Olho nos Manaciais. Disponível em: <http://www.mananciais.org.br/site/mananciais_rmsp/billings>. Acesso em: 22 abr. 2010.

[25] Idem, ibidem.

1.8 Impactos urbanísticos ambientais na metrópole

Observa-se assim em região predominantemente urbana, a importância crescente do meio ambiente. Com as degradações ocorridas, muitas vezes pela ocupação de áreas ambientalmente frágeis, começa-se a perceber que é urgente cuidar desse meio ambiente no qual se procura manter a qualidade de vida, de modo que permaneça saudável para as gerações que vierem.

As grandes áreas urbanizadas e as inovações que aportam são condicionantes da atração das áreas urbanas, como no dizer de Friedmann J. e Weaver C. (apud ROMÉRO; PHILIPPI JR.; BRUNA, 1980, p. 22) em que "espalhar o evangelho da urbanização, significa produzir uma cidade usando novas tecnologias, como asfalto para as rodovias, óleo lubrificante para o maquinário e gasolina para a revolução do veículo motor".

Essas inovações acabam produzindo cidades em todos os cantos, devastando florestas e mananciais, predatoriamente. Por isso a preocupação em controlar o uso e ocupação do solo torna-se praticamente obrigatória, com diretrizes e normas ambientais e urbanísticas. Assim, merece estar nas agendas de todos os municípios, objetivando preservar o ambiente, despoluindo aquilo que hoje está poluído e prevenindo novas poluições, da água, ar e solo. Além disso, é preciso preservar os recursos naturais não renováveis, cuidando do meio ambiente, também ao pensar em hidrelétricas, para a produção de energia, e remediar os danos ambientais causados[26] regionalmente, uma vez que, segundo o jornal britânico *The Guardian* de 24 de agosto de 2009,

> A construção de pelo menos 229 pequenas hidrelétricas no norte do País, planejada pelo governo brasileiro, preocupa tribos indígenas da região. Opositores ao projeto dizem que as obras vão danificar o meio ambiente e ameaçar a sobrevivência de tribos como os Ikpeng"[27].

Questões de energia e suas tecnologias serão focalizadas no próximo capítulo.

---

[26] Disponível em: <http://www.midiaindependente.org/pt/blue/2002/09/105159.shtml>. Acesso em: 07 maio 2010.

[27] Disponível em: <http://noticias.terra.com.br/brasil/interna/0,,OI3938099-EI306,00-construcao+de+hidreletricas+no+Norte+preocupa+indios.html>. Acesso em: 07 maio 2010.

E, assim sendo, o meio ambiente passa a ser alvo de controle, tendo em vista alcançar um desenvolvimento econômico que, mais que nunca, precisa considerar as questões ambientais. Nesse sentido a legislação visa à proteção ambiental e, por extensão, à proteção da comunidade que necessita de um ambiente saudável. Na atual legislação de Proteção aos Mananciais, Lei Estadual n. 9.866/1997, o Consema, Conselho Estadual do Meio Ambiente e na esfera municipal, os Conselhos Municipais de Meio Ambiente e Desenvolvimento Sustentável, (em São Paulo, o Cades), mostram as oportunidades de participação da população nas decisões de proteção ambiental nas bacias hidrográficas. Na condição de Conselhos participativos vêm ganhando força também no nível local (municípios), tendo em vista a necessidade de enfrentar e equacionar os problemas ambientais. Nesses casos é importante contar com o consenso dos munícipes representados pela sociedade civil, pelas universidades e pelas organizações não governamentais. Essa participação da sociedade nas decisões sobre o meio ambiente pode oferecer relevantes contribuições para a sustentabilidade e, consequentemente para a coletividade.

As diversidades regionais, com suas culturas peculiares, merecem atenção específica em cada local, para se preservar o meio ambiente. Daí a importância da participação da sociedade nas discussões que levem a maior conscientização sobre como tratar meio ambientes distintos, conforme as regiões em que se encontrem, com sua fauna, flora e populações típicas. Também se observa que os governos começaram a dar importância a essas questões, tratando da gestão ambiental, procurando estimular iniciativas empreendedoras de desenvolvimento, ao mesmo tempo em que tratam de controlar o cumprimento das legislações. Esse controle pode ser alcançado por Termos de Ajustamento de Conduta com o poder público, em que o predador do ambiente concorda em tratar da mitigação dos problemas encontrados, pois, muitas vezes, as interferências que atingiram os recursos naturais não renováveis, não têm soluções em curto prazo de tempo.

Certamente, há casos difíceis a enfrentar, pois as forças sociais antagônicas sempre estão "em ação", como por exemplo, ambientalistas *versus* empreendedores, e, para esclarecer a contenda, é necessário contar com a participação efetiva da comunidade e dos técnicos nos Conselhos de Meio Ambiente, e, consequentemente, com uma gestão ambiental eficiente.

Há, no entanto, muitas ações antrópicas que foram realizadas bem antes de se contar com essa legislação ambiental e que podem estar deixando impactos. Alguns casos são especiais porque mesmo que implantadas muito anteriormente podem estar gerando impacto devido a procedimentos que levam a acidentes que podem causar danos ambientais e acabar atingindo a população. Por exemplo, o derramamento de pelo menos 5.000 barris de petróleo por dia, em decorrência da explosão de uma plataforma no Golfo do México está danificando a vida marinha, e esse desastre poderá se estender até as praias[28]... Vazamentos de combustíveis absorvidos pelo solo podem acabar sendo "consumidos" pela população que venha a beber água contaminada em determinado setor da cidade.

Acidentes como esses não são simples de resolver, porque ao afetar a água, o ar ou o solo, os elementos poluidores não são facilmente isolados e podem chegar a atingir grande parte da comunidade. No caso de uma propriedade ter sido contaminada, formando um passivo ambiental, estará sujeita ao Direito Difuso, pois gera a contaminação do meio ambiente, e este pertence a todas as pessoas, independentemente de grupo ou associação. Conforme a Constituição Federal de 1988 o meio ambiente é um bem coletivo. Portanto o meio ambiente é entendido como Direito Difuso e a sua Proteção, é um exercício de cidadania[29] (SOUZA, s.d.).

Nesse caso, o proprietário se tornará responsável pelas consequências ocorridas – bem como qualquer pessoa que se una a ele por meio de compra da propriedade –, assumindo a responsabilidade de descontaminar o terreno. Essa "poluição", por meio da formação de passivo ambiental, é crime ambiental. É o que reza a Lei Federal n. 9.605/1998, que dispõe sobre as sanções penais e administrativas derivadas de condutas e atividades lesivas ao meio ambiente, e dá outras providências.

Por essa legislação, todo aquele que concorrer para

> a prática dos crimes previstos nesta Lei, incide nas penas a estes cominadas, na medida da sua culpabilidade, bem como o diretor, o adminis-

---

[28] Dados da revista *Veja*. Disponível em: <ttp://veja.abril.com.br/noticia/internacional/vazamento-petroleo-golfo-mexico-5-000-barris-dia-554123.shtml>. Acesso em: 09 maio 2010 (notícia de 20 de abril de 2010).

[29] SOUZA, Adriano Stanley Rocha Souza. O Meio Ambiente como Direito Difuso e a sua Proteção como Exercício de Cidadania. Disponível em: <www.conpedi.org/manaus/arquivos/anais/ bh/adriano_satanley_rocha_souza2.pdf>. Acesso em: 14 abr. 2010.

trador, o membro de conselho e de órgão técnico, o auditor, o gerente, o preposto ou mandatário de pessoa jurídica, que, sabendo da conduta criminosa de outrem, deixar de impedir a sua prática, quando podia agir para evitá-la (Lei n. 9.605/1998, art. 2º).

Incluem-se nessa responsabilidade criminal,

> As pessoas jurídicas [que] serão responsabilizadas administrativa, civil e penalmente conforme o disposto nesta Lei, nos casos em que a infração seja cometida por decisão de seu representante legal ou contratual, ou de seu órgão colegiado, no interesse ou benefício da sua entidade.

É importante ressaltar que no parágrafo único desse art. consta que

> A responsabilidade das pessoas jurídicas não exclui a das pessoas físicas, autoras, coautoras ou partícipes do mesmo fato [Lei 9.605/1998, art. 3º]. [Ou seja,] quem, de qualquer forma, concorre para a prática dos crimes [...], incide nas penas a estas cominadas, na medida de sua culpabilidade, [...] [e aqueles] que, sabendo da conduta criminosa de outrem, deixam de impedir a sua prática, quando podiam agir para evitá-la (art. 2º).

FIGURA 1.9 – Foto que permite avaliar o passivo ambiental deixado pela mineração de areia na cidade de Jacareí, SP, que está sendo tratado.
Fonte: Gilda Collet Bruna, 2002.

FIGURA 1.10 – Foto de outro aspecto da mineração de areia na cidade de Jacareí, SP.
Fonte: Gilda Collet Bruna, 2002.

Assim sendo, essas legislações identificam as ações humanas que impactam negativamente no ambiente natural ou construído, e ainda atribuem responsabilidades aos atores. Observe-se que todos aqueles envolvidos com uma propriedade com o passivo ambiental, realizado por alguma atividade exercida naquele local, também são responsabilizados pela despoluição, embora não tenham contribuído para ela. Isso é o que ocorre com uma questão de Direito Difuso, cujas origens remontam à doutrina romanística, e que atinge cada um da comunidade que participou, abrangendo num mesmo fato circunstancial um número indeterminado de pessoas (CORREIA, 1997, apud BRUNA, 2006, p. 40). Ou, como coloca Luis Enrique Sánchez (2001, p. 128),

a lei estabelece a responsabilidade objetiva, isto é, independente da existência de culpa, daquele que causar contaminação do solo, [ou seja,] um agente econômico não pode alegar que determinado ato de poluição foi decorrente de um evento fortuito (...). Ao exercer determinada atividade, um empreendedor assume todos os riscos dela decorrentes, inclusive os ambientais, não sendo necessário provar sua imperícia, imprudência ou negligência para se conseguir na Justiça que ele pague pela reparação do dano ambiental.

Essas ocorrências de passivos ambientais vêm levando as empresas a realizar avaliações antes de conduzir suas negociações, pois a responsabilidade e obrigação por restaurar o meio ambiente podem recair nos novos proprietários. Por exemplo, mostra Diamond (edição brasileira Record – original em inglês Penguin Books, 2009, c. 2005, p. 511), que ao fecharem uma mina, em Montana, Estados Unidos, as empresas abandonavam o local,

> o cobre, o arsênico e os vazamentos de ácido nos rios, porque o estado não tinha lei que exigisse que as empresas fizessem a limpeza da mina após o seu fechamento. (...)as empresas descobriram que podiam extrair o minério e então declarar falência antes de terem de financiar a limpeza da mina. (...). O resultado disso foram 500 milhões de dólares em custos de limpeza a serem pagos pelos cidadãos de Montana (...) e o fardo [ficava] para a sociedade.

É preciso, assim, adotar um conceito de produção limpa, de modo a evitar alterações que venham a formar passivos ambientais, seja "nos processos, produtos, manuseio e armazenagem, ou ainda alterar produtos e serviços da empresa"[30]. Essas ocorrências vêm fazendo com que as empresas providenciem um seguro ou fundo específico para poderem arcar com os custos de descontaminação dos passivos ambientais.

Em termos urbanos, questões como essas, de poluições ambientais difusas, podem ser entendidas quando se considera numa região metropolitana, a cidade a montante poluindo as águas da cidade a jusante de um rio. Pode haver poluição severa que os rios em seu sistema natural não consigam digerir, por exemplo, afetando o abastecimento de água da população a jusante. Se houver períodos de seca, nesse exemplo, também pode ocorrer falta d'água na cidade a jusante, se a cidade a montante represar o rio para se abastecer. Ainda, em períodos de cheias, as águas podem se espalhar levando consigo a poluição e, por consequência, disseminando doenças de veiculação hídrica.

---

[30] Passivo ambiental. Ambiente Brasil, item "Gestão ambiental", apud BRUNA, 2006, p. 40. Disponível em: <www.ambientebrasil.com.br>. Acesso em: 28 ago. 2006.

Conforme Bruna et al. (2006, p. 41), poderão ocorrer conflitos armados entre cidades em situações similares, pois se assiste então a uma luta pela sobrevivência que a água significa. Situações como essas merecem contar com a gestão de cada um dos municípios, mas também com a gestão estadual que trate dos interesses comuns aos municípios envolvidos e imponha um comportamento ético e de acordo com a política pública, como coloca Milaré (2004, apud BRUNA, 2006) que são bases do Direito e que paulatinamente se formataram na legislação de hoje.

Com referência às situações de interesses comuns a muitos municípios, as questões vem sendo tratadas como serviços de interesse comum metropolitano, desde 1973 quando a região metropolitana da grande São Paulo foi instituída pela Lei Complementar Federal n. 14. Assim, a gestão pública procura cuidar dos serviços que atingem aos municípios da região metropolitana. Em prol do equilíbrio ecológico, a gestão regional metropolitana é essencial. A alta densidade de população polui continuamente o ambiente, aumentando o efeito estufa, dentre outros problemas. Cabe, então, à gestão pública administrar e controlar problemas como esses, e implantar os programas aprovados, o que muitas vezes não ocorre e, em outras, a execução desses programas se prolonga por muito tempo, com prejuízo para a comunidade.

Importância similar pode ser visualizada nas conferências internacionais sobre o meio ambiente, pois tratam de providenciar a conscientização das nações em prol do equilíbrio ecológico e da corresponsabilidade entre as nações. Desse modo, se a metrópole

> podia ser vista como uma unidade ecológica, em termos de planeta, atualmente cresce a consciência de que isoladamente não mais satisfaz os requisitos de cooperação e competitividade ao nível global, quando a região passa a ser considerada a unidade ecológica, e, sua inter-relação com outras regiões, em determinado momento, pode gerar melhores condições de competitividade global (BRUNA; ROMÉRO; PHILIPPI JR., 2004, p. 5-6).

Após a Conferência Rio-92, também foram realizados outros encontros internacionais, dos quais se destaca a Conferência das Partes (COP-15), realizada em Copenhague, na Dinamarca, em dezembro de 2009, sobre as mudanças climáticas e o aquecimento global. Segundo os especialistas, é necessário que os países assumam o princípio da responsabilidade comum e acordem diminuir o efeito estufa na atmosfera para que a temperatura da Terra não aumente mais que 2 °C em relação ao final do século passado. Ainda, efetivamente, não se pode falar nesse acordo entre os países para cuidar do clima e preservar o meio ambiente. Em Copenhague conseguiu-se chegar, somente numa carta de intenções[31].

1.9 Desenvolvimento urbano e o estatuto da cidade

O desenvolvimento urbano é fundamentado na Lei Federal n. 10.257/2001, conhecida como o Estatuto da Cidade. Esta lei determina que os municípios cuidem de seu desenvolvimento e expansão urbana, constituindo sua própria política. E, muitos municípios formam as regiões metropolitanas, cada qual com sua política de desenvolvimento urbano. Por isso, na metrópole são considerados os serviços de interesse comum aos municípios, como meta a atingir a exemplo dos transportes públicos, do saneamento básico, dentre outros.

Ora, o Estatuto da Cidade é fruto da Constituição Federal, devendo assim tratar diretamente de seu art. 182 e art. 183. Observa-se que esse art. 182 afirma que cabe ao Poder Público Municipal executar a política de desenvolvimento urbano, ordenando o pleno desenvolvimento das funções sociais da cidade e garantindo o bem-estar de seus habitantes. Assim sendo, pode-se perguntar: como o Município irá desenvolver as funções da cidade? E como garantir o bem-estar das populações locais? A resposta a essa pergunta está no Plano Diretor Municipal que é o instrumento da política urbana. Mais ainda, vale perguntar se a propriedade urbana cumpre sua função social, e quando atende as exigências de ordenação da cidade constantes do Plano Diretor, vale dizer, com relação ao uso e ocupação do solo (parágrafo 2º do art. 182)[32]. E o parágrafo 4º diz que

> é facultado ao poder Público Municipal, por lei específica incluída no plano diretor, exigir do proprietário de área não edificada, subutilizada ou não utilizada, que providencie o aproveitamento conforme previsto no Plano Diretor, sob pena de legalmente ser atuado com base no instrumento Parcelamento ou Edificação Compulsórios e as demais medidas da lei dos incisos I, II, III que podem ser aplicados no caso em que as propriedades não cumpram sua função social.

---

[31] Disponível em: <http://www.ecodesenvolvimento.org.br/cop15>. Acesso em 15 abr. 2010.

[32] O parágrafo 3º desse artigo afirma que as desapropriações de imóveis urbanos serão feitas com prévia e justa indenização em dinheiro.

O art. 183, por sua vez trata da usucapião urbana, garantindo que quem possuir como sua, uma área urbana de até 250 m^2 por cinco anos ininterruptamente e sem oposição, auferindo o uso fruto para sua moradia ou de sua família, adquirir-lhe-á o domínio, desde que não seja proprietário de outro imóvel urbano ou rural. No entanto, para se conseguir essa usucapião urbana é preciso que o título de domínio e concessão de uso sejam conferidos ao homem ou à mulher, ou a ambos, como diz o parágrafo 1º do art. 183, independentemente do estado civil. Não é possível, entretanto, ser reconhecido possuidor mais de uma vez. Não há usucapião de imóveis públicos.

Detalhando esses dois artigos da Constituição Federal – art. 182 e art. 183 – o Estatuto da Cidade relaciona outras diretrizes e instrumentos necessários para que os municípios desenvolvam sua política urbana, utilizando-se de normas de ordem pública e interesse social que regulam a propriedade urbana com destaque para o bem coletivo, a segurança e o bem-estar dos cidadãos, promovendo assim, o equilíbrio ambiental.

Destaca-se assim que o Estatuto da Cidade é uma legislação urbana que trata dos bens coletivos, da segurança, do bem-estar social e do equilíbrio ambiental. Traz em seu bojo, no artigo 2º, 16 incisos relativos a diretrizes gerais, dentre as quais se podem destacar: "o direito ao desenvolvimento sustentável entendido como o direito à habitação, saneamento ambiental, infraestrutura urbana e todos aqueles itens que compõem uma estrutura urbana, quais sejam, transportes, serviços públicos, equipamentos urbanos e comunitários, e ainda direito ao trabalho e ao lazer, para a geração atual e futura; a gestão democrática participativa para a formulação e execução de planos, programas e projetos de desenvolvimento urbano; a cooperação entre poder público e poder privado e demais setores sociais no interesse social; planejamento, distribuição espacial e econômica, corrigindo distorções do crescimento urbano e impactos negativos no meio ambiente, com ordenação do uso do solo, de acordo com o Plano Diretor do Município; proteção, preservação e recuperação do meio ambiente natural e do construído, de seu patrimônio cultural e artístico, paisagístico e arqueológico, propondo correções em prol de um desenvolvimento mais sustentável;" dentre outros.

O planejamento urbano então desenvolvido também precisa contar com a participação da população. Vale dizer que a população participa do Plano Diretor, cuidando de seus interesses enquanto cidadã consciente da importância de seu território e do uso adequado a um cuidado com o meio ambiente.

Essas colocações urbanísticas e ambientais no caso do desenvolvimento urbano devem ser previstas no Plano Diretor do Município. Este é o instrumento-chave da política pública. Todos os instrumentos que podem ser utilizados para implementar os objetivos de desenvolvimento urbano e função social da propriedade estão relacionados no Estatuto da Cidade, desde planos nacionais, regionais, metropolitanos, municipais, bem como o plano diretor, o parcelamento uso e ocupação do solo, o zoneamento ambiental, o plano plurianual e as diretrizes orçamentárias, dentre outros. Incluem-se também o EIA (Estudo de Impacto Ambiental) e o EIV (Estudo de Impacto de Vizinhança)[33].

Vale destacar, no Estatuto da Cidade, a dimensão ambiental urbana e regional, prevista em seus artigos 36, 37 e 38 que tratam da elaboração de EIV (Estudo Prévio de Impacto de Vizinhança), para obtenção de licenças ou autorizações de construção, ampliação ou funcionamento, a cargo do Poder Público Municipal. Seja em área urbana, seja em área rural, a questão do meio ambiente deixa claro que é necessário prever o impacto ambiental e propor medidas de remediação e equilíbrio ambiental. No art. 37, destaca-se, no mínimo, que se deve analisar o adensamento populacional; equipamentos urbanos e comunitários; uso e ocupação do solo; valorização imobiliária; geração de tráfego e demanda por transporte público; ventilação e iluminação; paisagem urbana e patrimônio natural e cultural. E no art. 38 fica claro que o EIV não substitui o EIA, nos termos da Lei Ambiental.

Há casos, como em Itapecerica da Serra, em que o município relocou uma invasão no rio Embu-Mirim, organizando um bairro novo para essa população, o Jardim Branca Flor. Conseguiu assim, recuperar os recursos hídricos e oferecer qualidade de vida aos habitantes daquela invasão. Conforme Juliana Gomes Carnicelli (2007, p. 24),

---

[33] Além desses instrumentos, tem-se a seguinte relação: parcelamento, edificação ou utilização compulsórios; IPTU progressivo no tempo; desapropriação com pagamento em títulos; usucapião especial de imóvel urbano; direito de superfície; direito de preempção; outorga onerosa do direito de construir; operações urbanas consorciadas; transferência do direito de construir; estudo de impacto de vizinhança. Todos precisam ter o perímetro da área de sua aplicação delimitado no Plano Diretor e contar com uma lei específica aprovada na Câmara Municipal.

O Plano Diretor Estratégico previa a implantação do Jardim Branca Flor, do Parque Paraíso e do Jardim Jacira. O Jardim Branca Flor destaca-se como o primeiro Plano Diretor de Bairro, no contexto do Plano Diretor Estratégico, em 2001. Além disso, esse caso foi objeto do Projeto de Investimento no âmbito do Programa Habitar Brasil – BID (Banco Interamericano de Desenvolvimento), gerido pelo governo federal em parceria com o município, cujo projeto tem sido considerado inovador.

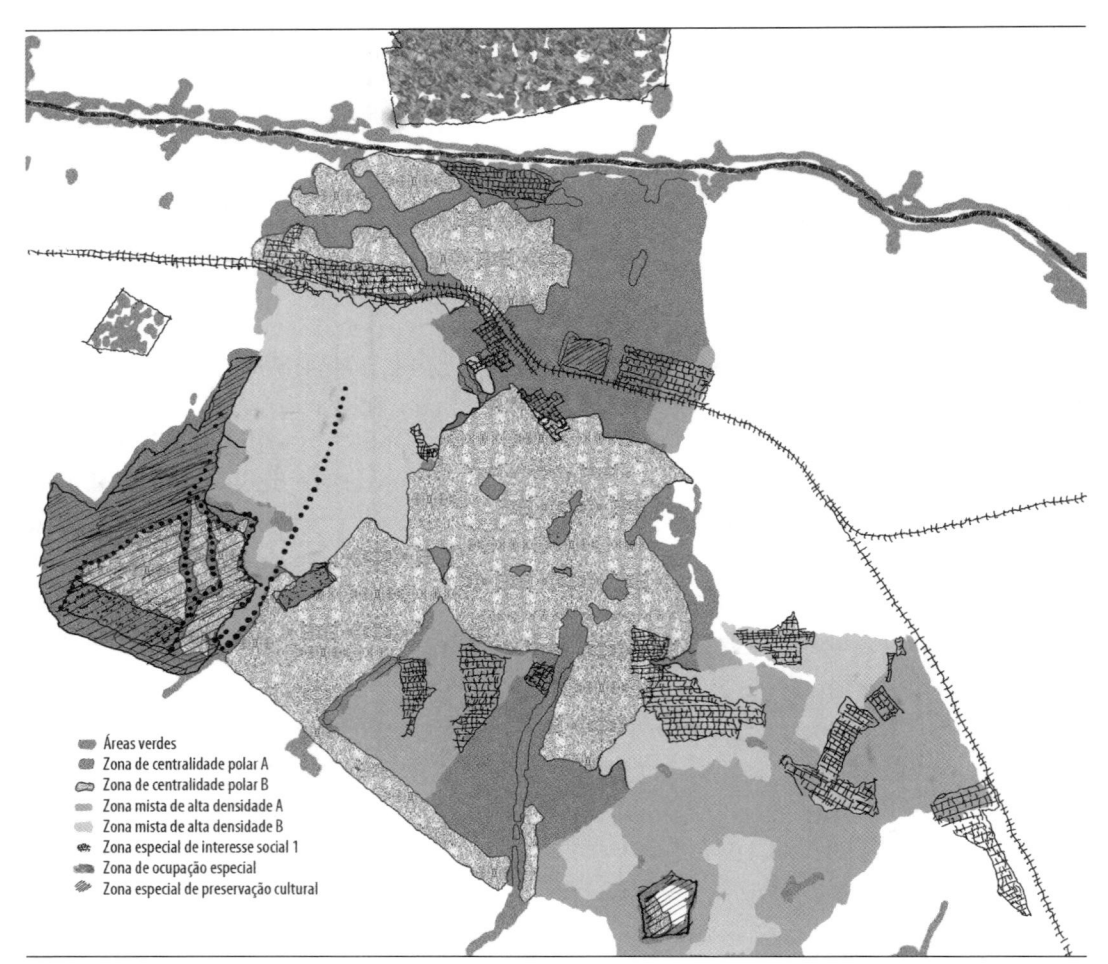

FIGURA 1.11 – Exemplo de Plano Regional Estratégico detalhando o Plano Diretor Municipal Estratégico de São Paulo, Subprefeitura Sé.

Fonte: Ilustração produzida a partir de mapa da prefeitura de São Paulo. Disponível em: <http://www.prefeitura.sp.gov.br/cidade/secretarias/desenvolvimento_urbano/legislacao/planos_regionais/index.php?p=1897>. Acesso em: 08 maio 2010. Desenhada por Christiane Ribeiro e Gilda Collet Bruna, maio 2010. A figura, aqui reproduzida em P&B, está disponível em cores no site da editora: <www.blucher.com.br>.

Nesse sentido, Itapecerica da Serra inaugurou o

> primeiro Plano Diretor de Bairro no Jardim Branca Flor, uma das áreas mais pobres e carentes do município, (...) dois outros bairros também têm Plano Diretor de Bairro, o Parque Paraíso e o Jardim Jacira (CARNICELLI, 2007, p. 148).

As metas para a preservação ambiental e o desenvolvimento sustentável são consideradas importantes, assim como estimular a educação ambiental como instrumento de planejamento e preservação do meio ambiente; controlar o uso e ocupação do solo, buscando um desenvolvimento sustentável; a gestão da preservação ambiental, conforme Código Ambiental do Município; atender às carências de saneamento básico e recuperar áreas degradadas; e utilizar o licenciamento ambiental para aprovar empreendimentos em áreas ambientalmente frágeis. Além disso, é relevante a recuperação, a manutenção e preservação das áreas de produção atualmente existentes, conforme o Plano Diretor Estratégico de 2006 (CARNICELLI, 2007).

Observa-se assim que a questão ambiental vem ganhando importância em muitos municípios que estão procurando cuidar de seu meio ambiente, aplicando legislações existentes ou mesmo aprovar novas regulamentações municipais. O meio ambiente também ganhou destaque, tanto no Estatuto da Cidade, como na realidade dos municípios, como se pode ver em Itapecerica da Serra.

Pode-se acompanhar as melhorias obtidas em Itapecerica da Serra, observando as fotos apresentadas, em que se destaca o tratamento paisagístico dado às imediações do rio Embu-Mirim, em local onde antes estava uma favela, bem como os tipos de arruamento e casas construídos no projeto novo do Jardim Branca Flor. Nas Figuras 1.12 a 1.15, a seguir, visualizam-se setores do Conjunto Habitacional Primavera, implantado no Jardim Branca Flor, para o qual foram transferidos os moradores de área invadida, às margens do rio Embu-Mirim.

Nessas colocações sobre o Estatuto da Cidade, fica claro que a preocupação com o meio ambiente está presente na área urbana e rural. O Plano Diretor é o Instrumento por meio do qual o município pode equacionar as questões urbanísticas e ambientais como exemplificado na Figura 1.11 que mostra o Plano Regional da Subprefeitura Sé, detalhando o Plano Diretor Municipal de São Paulo.

FIGURA 1.12 – Rio Embu-Mirim e o bairro ao longe.
Fonte: Gilda Collet Bruna, 2008. Plano Diretor de Bairro no Jardim Branca Flor – Itapecerica da Serra, SP.

FIGURA 1.13 – Casa do Conjunto Habitacional Primavera.
Fonte: Gilda Collet Bruna, 2008. Plano Diretor de Bairro no Jardim Branca Flor – Itapecerica da Serra, SP.

FIGURA 1.14 – Vista geral do Conjunto Primavera.
Fonte: Gilda Collet Bruna, 2008. Plano Diretor de Bairro no Jardim Branca Flor – Itapecerica da Serra, SP.

FIGURA 1.15 – Área de recreação que anteriormente era ocupada pela invasão.
Fonte: Gilda Collet Bruna, 2008. Plano Diretor de Bairro no Jardim Branca Flor – Itapecerica da Serra, SP.

É preciso contar também com uma gestão democrática da cidade, ou seja, realizada por meio de órgãos colegiados de política urbana, (federal estadual e municipal); debates; audiências e consultas públicas; conferências sobre assuntos de interesse urbano, (federal, estadual, municipal); iniciativa popular de projeto de lei e de planos, programas e projetos de desenvolvimento urbano (Conforme art. 43). Essa legislação foi considerada tão importante que todos os municípios que não tivessem planos diretores aprovados na data da entrada em vigor dessa lei, deveriam aprová-lo no prazo de cinco anos devendo fazer ou rever seus planos diretores de acordo com o que reza o Estatuto da Cidade (Vide art. 50).

Fica claro também que o Estatuto da Cidade dá um status superior ao Plano Diretor Municipal, pois é por meio dele que se devem incorporar todas as mudanças sugeridas no bojo de um planejamento participativo. Desse modo, a comunidade pode escolher as metas a serem implantadas, bem como a ordem de sequência das obras ou serviços que merecem prioridade. Assim, espera-se que o município cuide das questões urbanísticas e das ambientais, conjuntamente, e pode-se esperar que, com esses instrumentos do Estatuto da Cidade, seja possível aos municípios elencar os cuidados prioritários a serem tomados com o meio ambiente.

Para tanto, em determinadas regiões é preciso capacitar os técnicos municipais e conscientizar a população local, mostrando como preservar, proteger e recuperar os impactos ambientais negativos. Só assim cada cidadão poderá colaborar para a qualidade ambiental de sua comunidade e, por extensão, juntamente com outras regiões e países, trabalhar para não desgastar Gaia, ou seja, a Terra, e desse modo permitir que muitas outras gerações possam viver neste planeta.

Ora, essa participação, como diz Zigmunt Bauman (2003, p. 7-8) é uma questão das comunidades e,

> comunidade é um lugar *cálido*, um lugar confortável e aconchegante. É como um teto sob o qual nos abrigamos da chuva pesada, como uma lareira diante da qual esquentamos as mãos num dia gelado. Lá fora, na rua, toda sorte de perigo está à espreita; temos que estar alertas quando saímos, prestar atenção em com quem falamos e em quem nos fala, estar de prontidão a cada minuto. Aqui na comunidade, podemos relaxar – estamos seguros, não há perigos ocultos em cantos escuros (...). E ainda: numa comunidade podemos contar com a boa vontade dos outros (...). Nosso dever, pura e simplesmente é ajudar uns aos outros e, assim temos pura e simplesmente o direito de esperar obter a ajuda de que precisamos.

Por extrapolação dessas condições da comunidade, pode-se entender que ela é o lugar perfeito para se conscientizar a todos seus membros da necessidade, de conhecer as formas usuais de vida do meio ambiente, e de engajar a todos numa *cruzada* de preservação e recuperação do ambiente natural. É então, que segundo James Lovelock (2006, p. 20) é importante

> pensar em Gaia como todo um sistema de partes animadas e inanimadas. O crescimento dos seres vivos ativados pela luz solar que dá poder

a Gaia, (...), mas é preciso reconhecer as limitações para o crescimento, (...) afetando os organismos ou a biosfera, mas também o ambiente físico e químico.

Assim, preservar o meio ambiente é preservar a Terra e suas formas de vida, inclusive a humana.

1.10 O ambiente natural

Nesse sentido, talvez uma das legislações mais importantes para a preservação da natureza seja a Lei Federal n. 9.985 de 18 de julho de 2000 que regulamentou o art. 225, parágrafo 1º, incisos I, II, III e VII da Constituição Federal, que institui o Sistema Nacional de Unidades de Conservação da Natureza e dá outras providências.[34]

Com isso, fica instituído esse sistema, e ficam "estabelecidos critérios e normas para criação, implantação e gestão das unidades de conservação" (art. 1º). Conforme o art. 7º dessa lei, as Unidades de Conservação estão reunidas em dois grupos, aquele de Unidades de Proteção Integral e aqueles de Unidades de Uso Sustentável. No primeiro caso, o objetivo é preservar a natureza, nesta área admitindo-se unicamente o uso indireto dos recursos naturais, com exceção dos casos previstos nessa lei. E no grupo de Unidades de Uso Sustentável, o objetivo é compatibilizar a conservação da natureza com o uso sustentável de parte dos recursos naturais. Com essas características, o Grupo de Unidades de Proteção Integral é formado por: I – Estação Ecológica; II – Reserva Biológica; III – Parque Nacional; IV – Monumento Natural; V – Refúgio de Vida Silvestre, conforme art. 8º. Já, o Grupo de Unidades de Uso Sustentável, conforme o art. 14, é formado por: I

---

[34] O Código Florestal de 1965 foi atualizado em 2001. Esse novo Código Florestal trata das florestas e formas de vegetação que são bens de interesse comum a todos os habitantes do país, conforme o art. 1º da Lei n. 4.771/1965, atualizada em 2001. No art. 2º, essa lei focaliza a preservação permanente, dentre outras. Disponível em: <http://www.ibamapr.hpg.ig.com.br/4771leiF.htm>. Acesso em: 13 maio 2010. Há também a medida provisória n. 2.166-67, de agosto de 2001, que altera artigos. Além dessa legislação há, ainda, projetos de lei para modificar o código, como o PL n. 6.424/2005, que propõe permitir a recomposição florestal e recomposição da reserva legal mediante o plantio de palmáceas em áreas alteradas. Disponível em: <http://www.greenpeace.org/brasil/Global/brasil/report/2007/12/projeto-de-lei-que-altera-o-c.pdf>. Acesso em: 13 maio 2010. Ou seja, há muita discussão sobre as florestas brasileiras e propostas de modificação.

– Área de Proteção Ambiental; II – Área de Relevante Interesse Ecológico; III – Floresta Nacional; IV – Reserva Extrativista; V – Reserva de Fauna; VI – Reserva de Desenvolvimento Sustentável; e VII – Reserva Particular do Patrimônio Natural.

Cada uma dessas áreas está sujeita a especificidades da legislação que regulamentam as possibilidades ou não de pesquisa, visitação ou de manter as ocupações tradicionais na área[35].

Pode-se verificar que houve uma evolução dos principais instrumentos de criação de áreas protegidas no Brasil, aferindo-se, assim, as datas e as respectivas categorias de áreas protegidas então criadas. Desse modo, por exemplo, de 1924 a 1964: Parque Nacional, Floresta Nacional, Reserva de Proteção Biológica ou Estética; e ainda, Parque de Reserva, Refúgio e Criação de Animais Silvestres. Já, a partir do ano 2000, tem-se no novo Código Florestal (Lei n. 4.771/1965), o Sistema Nacional de Unidades de Conservação da Natureza (Snuc) (Lei n. 9.985/2000); Programa MaB, 1970 (Dec. n. 74.685/1974 e Dec. Pres. 21/09/1999); Convenção sobre Zonas Úmidas, 1971 promulgada pelo Dec. n. 1.905/1996; Convenção Patrimônio Mundial 1972 promulgada pelo Dec. n. 89.978/1977; e Estatuto do Índio, Lei n. 6.001 de 19 de dezembro de 1973.

Com essas legislações, novos detalhamentos foram feitos, de modo a proteger os recursos naturais animais, florestais, paisagísticos, criando-se as Unidades de Proteção Integral e as Unidades de Uso Sustentável, de acordo com a Lei Federal n. 9.985, de 18 de julho de 2000. Destacam-se ainda as tipologias de Florestas, Parques, Reserva Biológica, Áreas

---

[35] **"Zona de amortecimento** é o entorno de uma unidade de conservação, onde as atividades humanas estão sujeitas a normas e restrições específicas, com o propósito de minimizar os impactos negativos sobre a unidade." (Snuc, art. 2º, inciso XVIII). Fonte: MuitoFirme. Disponível em: <http://www.mui tofirme.net/2008/11/zona-de-amortecimento.html>. Acesso em: 18 abr. 2010. **"Corredores ecológicos** são porções de ecossistemas naturais ou se-minaturais, ligando unidades de conservação, que possibilitam, entre elas, o fluxo de genes e o movimento da biota, facilitando a dispersão de espécies e a recolonização de áreas degradadas, bem como a manutenção de populações que demandam, para sua sobrevivência, áreas com extensão maior do que aquela das unidades individuais." (Snuc, art. 2º, inciso XIX). Fonte: Scribd. Disponível em: <h ttp://www.scribd.com/doc/18027677/corredores-ecologicos>. Acesso em: 18 abr. 2010.

de Reconhecimento Internacional, Terras Indígenas, Reserva Particular do Patrimônio Natural, as Áreas de Relevante Interesse Ecológico, a Reserva Ecológica, as Áreas de Proteção Ambiental, dentre outras, que precisam ser valorizadas e preservadas.

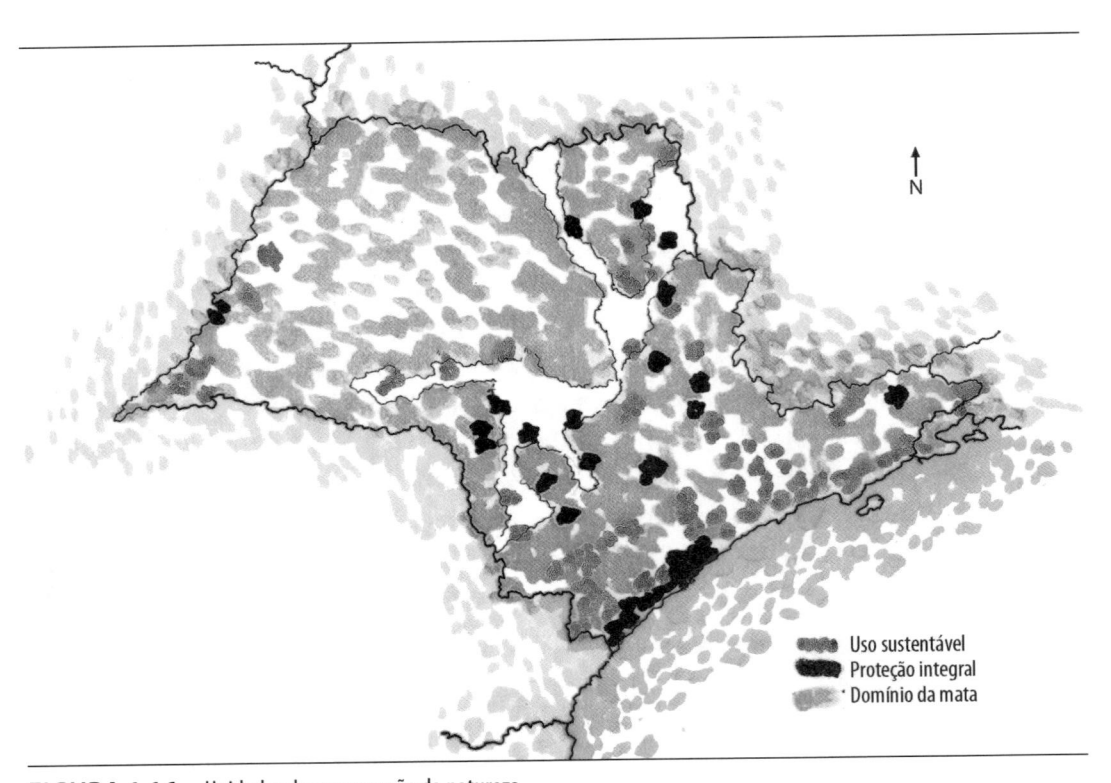

FIGURA 1.16 – Unidades de conservação da natureza.
Fonte: Ilustração produzida a partir de dados do Portal de Reserva da Biosfera da Mata Atlântica. Disponível em: <http://www.rbma.org.br/gestores/images/ucs_sp. jpg>. Acesso em: 22 abr. 2010. Desenhada por Christiane Ribeiro e Gilda Collet Bruna, maio 2010. A figura, aqui reproduzida em P&B, está disponível em cores no site da editora: <www.blucher.com.br>.

Como mencionado, sublinha-se que o Snuc hoje é constituído pelo conjunto das Unidades de Conservação federais, estaduais e municipais existentes no País, todas criadas pelo Poder Público. No caso do Estado de São Paulo[36], há as Unidades Parques, que são

36 Dados da Fundação para a Conservação e a Produção Florestal do Estado de São Paulo. Disponível em: <http://www.fflorestal.sp.gov.br> Acesso em: 18 abr. 2010.

unidades terrestres e/ou aquáticas, normalmente extensas, destinadas à proteção de áreas representativas de ecossistemas, podendo também ser áreas dotadas de atributos naturais ou paisagísticos notáveis, sítios geológicos de grande interesse científico, educacional, recreativo ou turístico, cuja finalidade é resguardar atributos excepcionais da natureza, conciliando a proteção integral da flora, da fauna e das belezas naturais com a utilização para objetivos científicos, educacionais e recreativo. Assim, os parques são áreas destinadas para fins de conservação, pesquisa e turismo.

Além desses, a Fundação Florestal fala em Estação Ecológica, cujo objetivo é

a preservação da natureza e a realização de pesquisas científicas. Apresentam no mínimo 90% da área destinada à preservação integral da biota. (...) sendo que as áreas particulares incluídas em seus limites serão desapropriadas, [conforme] (...) a lei.

Ainda, a Fundação Florestal apresenta as Áreas de Proteção Ambiental e as Reservas. As primeiras destinam-se a

proteger e conservar a qualidade ambiental e os sistemas naturais ali existentes, para a melhoria da qualidade de vida da população local e para a proteção dos ecossistemas regionais. [E seu] objetivo primordial (...) é a conservação de processos naturais e da biodiversidade, orientando o desenvolvimento, adequando as várias atividades humanas às características ambientais da área.

No caso das Reservas, a Fundação Florestal identifica três tipos: Reserva Particular do Patrimônio Natural; Reserva de Desenvolvimento Sustentável; e Reserva Extrativista. Em cada caso pode-se destacar o conceito apresentado pela Fundação Florestal. Assim é que a Reserva Particular do Patrimônio Natural

é uma área de domínio privado, com o objetivo de conservar a diversidade biológica gravada com perpetuidade na margem da matrícula do imóvel. Nessas áreas, são permitidas somente as atividades de pesquisa científica, ecoturismo e educação ambiental.

Já a Reserva de Desenvolvimento Sustentável

é uma área natural, de domínio público que abriga populações tradicionais, com o objetivo básico de preservar a natureza e, ao mesmo tempo, assegurar as condições e os meios necessários para a reprodução e a melhoria dos modos e da qualidade de vida e exploração dos recursos naturais dessas populações, bem como valorizar, conservar e aperfeiçoar o conhecimento e as técnicas de manejo do ambiente, desenvolvido por essas populações.

E, finalmente a Reserva Extrativista

é uma área de domínio público, utilizada por populações extrativistas tradicionais, cuja subsistência baseia-se no extrativismo e, complementarmente, na agricultura de subsistência e na criação de animais de pequeno porte, e tem como objetivos básicos proteger os meios de vida e a cultura dessas populações, e assegurar o uso sustentável dos recursos naturais da unidade.

O sistema Nacional de Unidades de Conservação, como se observa, é uma vontade política expressa em lei, que visa alcançar a sustentabilidade do País, por meio de uma política pública de preservação de suas riquezas naturais, muitas das quais não são renováveis. E, à medida que a população vem participando do planejamento, seja dos Planos Diretores de Municípios, nos Conselhos de Desenvolvimento e Comitês de Bacias Hidrográficas, as comunidades precisam abraçar essa causa: a proteção e preservação ambiental.

Assim, por exemplo, é preciso que algumas comunidades, como as extrativistas tradicionais, consigam ser orientadas para sobreviver sem depauperar o meio ambiente, tornando suas atividades sustentáveis. Mas é preciso também que as comunidades como um todo trabalhem em prol do meio ambiente, defendendo-o e lutando para que seja preservado em condições de sustentabilidade. Pode ocorrer, porém, que as "comunidades venham a passar por transições, o que pode revelar períodos conflituosos, de luta pela sobrevivência" (BRUNA, 2006, p. 43), qualquer que ela seja, desde aqueles que vivem das atividades do setor primário – agricultura, pecuária, pesca, mineração – como também aqueles que estão na atividade do setor secundário – com os diferentes processos de produção – e mesmo aqueles que se ligam ao setor terciário – comércio e serviços –, mas em todos esses casos, é necessário que a proteção e preservação ambiental predominem.

Uma vez que da Declaração das Nações Unidas sobre o Meio Ambiente e da Declaração ao Rio-1992 destaca-se a "acolhida ao princípio da precaução" (MIRRA, apud BRUNA, 2006, p. 43). Esse princípio objetiva proteger com antecipação, em casos nos quais se estimam haver danos sérios ou irreversíveis, ainda que não se tenha absoluta certeza científica desses danos, e essa incerteza não possa ser usada como razão para se afastar medidas eficazes e econômicas viáveis na prevenção do dano e degradação ambiental. Isso se aplica, precisamente, quando esses danos se revelam de difícil ou impossível reparação. Esse autor destaca que o princípio da precaução justifica e reforça o princípio da preservação. Nesse sentido, trata-se de assegurar sustentabilidade às populações, para que possam exercer suas atividades e possibilidades de vida humana (DERANI apud MIRRA, apud BRUNA, 2006).

Como se observa, as metrópoles e suas populações estão constantemente a enfrentar desafios ambientais do consumo de recursos naturais não renováveis e de impactos humanos sobre o ambiente natural e construído. Por isso suas políticas públicas ambientais urbanas merecem receber constantemente novos insumos e revisões para que continuem atendendo às necessidades de seus cidadãos.

2 Metrópoles: política pública de energia – a demanda de energia e a evolução tecnológica

2.1 Uma introdução à questão

Em termos energéticos, o século XIX foi o século do carvão. O século XX foi o século do petróleo e o século XXI será o século da transição, em que o novo modelo está sendo desenhado, será testado em larga escala e, em alguns países, será aplicado comercialmente. O século XXII já se iniciará com base em um novo paradigma, fundamentado na participação, certamente mais elevada, das energias renováveis (ver quadro da p. 80 – *Fontes de energia*). Há cerca de 30 anos, projeções otimistas estimavam que as reservas de petróleo não durariam mais do que 50 anos. Nessa perspectiva, estaríamos hoje presenciando as últimas duas décadas de extração de um produto cujos desdobramentos vão muito além da gasolina nas suas mais variadas octanagens e do óleo diesel.[1] Estaríamos já em plena transformação de nossas matrizes, em um processo um pouco

---

[1] Os pricipais produtos derivados de petróleo são: **gás liquefeito de petróleo** (GLP), usado para aquecer, cozinhar, fabricar plásticos; **nafta**, intermediário que irá passar por mais processamento para produzir gasolina; **gasolina**, combustível para motores; **querosene**, combustível para motores de jatos e tratores, além de ser material inicial para a fabricação de outros produtos; **gasóleo** ou **diesel destilado**, usado como diesel e óleo combustível, além de ser um intermediário para fabricação de outros produtos; **óleo lubrificante**, usado para óleo de motor, graxa e outros lubrificantes, e **resíduos** – coque, asfalto, alcatrão, breu, ceras –, além de o petróleo ser material básico para fabricação de outros produtos.

mais acelerado nos países desenvolvidos e um pouco menos nos países em desenvolvimento, como é o caso do Brasil. Os últimos carros movidos a combustíveis fósseis estariam sendo produzidos e comercializados.

Entretanto, não foi isso o que ocorreu. Passadas aquelas três décadas ainda possuímos reservas do petróleo chamado "convencional" para mais cerca de 50 anos, segundo estimativas otimistas. O petróleo convencional é aquele encontrado na forma líquida, geralmente de melhor qualidade. As reservas mundiais de petróleo convencional já descobertas são de cerca de 1,4 trilhão de barris equivalentes de petróleo (Bep), podendo chegar a dois trilhões. Algumas estimativas apontam para outros 3 trilhões não convencionais que poderão ser utilizados, embora seja um petróleo de baixa qualidade. Continua-se a procurar e a encontrar petróleo e, com isso, se está postergando a transição para um novo modelo, embora essa transição deva ocorrer ainda na era do petróleo[2] e, portanto, neste século. A Figura 2.1, demonstra a relação entre oferta e consumo de petróleo entre 1930 e 2030 (projeção).

A questão econômica é uma parcela importante dessa equação. Se a cotação do petróleo no mercado internacional subir, a extração passa a ser mais vantajosa, porém, se baixar, precisaremos implantar alternativas tecnológicas já existentes e a extração poderá ser um pouco mais lenta. Do ponto de vista das fontes de energia, com ênfase nas renováveis, não há a necessidade de se descobrir novas alternativas, pois elas já existem. Há, sim, a necessidade de se aprimorar seus usos, rendimentos e suporte tecnológico.

No cenário internacional o Brasil se antecipou na área dos bio-combustíveis quando lançou o Pró-Álcool em 14 de novembro de 1975, por meio do Decreto n. 76.593, e desta forma respondeu rapidamente a crise do petróleo de 1973.

---

[2] A descoberta das reservas de petróleo na camada pré-sal muda o papel do Brasil no cenário energético internacional. Estimativas apontam que o país pode se tornar o sexto maior produtor mundial, uma vez que as riquezas brasileiras podem alcançar 300 bilhões de barris de petróleo. A camada do pré-sal foi encontrada justamente quando países como os Estados Unidos estão esgotando as suas reservas. Antes dessa descoberta, o Brasil possuía reservas de cerca de 14 bilhões de barris e já era considerado auto suficiente na produção de petróleo. Agora, as descobertas somente no campo de Tupi apresentam capacidade para a produção de 50 bilhões de barris. Fonte: Radioagência NP. Disponível em: <http://www.radioagencianp.com.br>. Acesso em: 31 out. 2009.

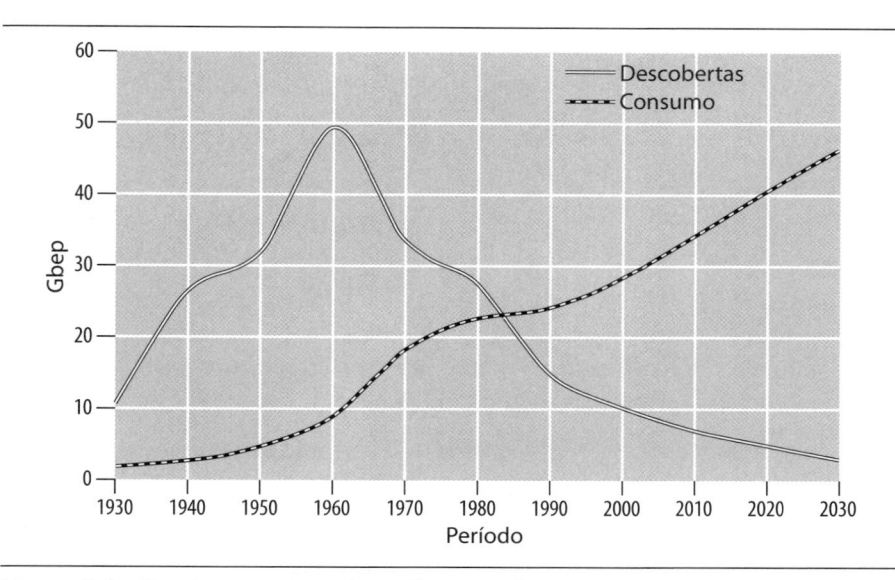

Figura 2.1 – Descobertas e consumo de petróleo no mundo.
Fonte[3]: CARVALHO, 2009, p. 5. Disponível em: <http://www.radioagencianp.com.br>, apud
CAMPBELL, 2005 e ALEKLETT, 2006. Adaptada pelos autores.

Cerca de 5,6 milhões de automóveis a gasolina deixaram de ser fabricados e foram substituídos por motores a álcool hidratado, durante a permanência do programa entre 1975 e 2000.

De forma concomitante houve a adição de álcool anidro na gasolina da frota brasileira evitando emissões de 110 milhões de toneladas de carbono e a importação de 550 milhões de barris de petróleo[4].

Analisando a questão do ponto de vista do desafio urbano e do impacto do tipo de combustível que move a frota existente nas cidades, tudo indica que se esteja, de fato, no século da transição. Os carros movidos a combustíveis alternativos ao petróleo estão sendo fabricados comercialmente no Japão, nos Estados Unidos e em alguns países da União Europeia e existe um mercado em potencial para absorvê-los, que aguarda a expansão do fornecimento de combustível, seja ele biocombustível, eletricidade, compostos de hidrogênio ou soluções hibridas. Pelo menos 1.000 automóveis usados, movidos a combustíveis alter-

---

[3] CARVALHO, Joaquim Francisco de. 2009 apud CAMPBELL, C. J. *Oil crisis*. Multi Science Publishing Company, 2005. ALEKLETT, K. Oil: a bumpy road ahead. *World Watch Magazine*, jan.-fev., 2006.

[4] Disponível em: <www.biodieselbr.com> Acesso em: 12 out. 2010.

Fontes de energia

As fontes de energia classificam-se em **primárias** e **secundárias**:

As fontes de energia **primárias** são aquelas encontradas livremente na natureza, como, por exemplo, o Sol, a água, o petróleo bruto no momento da extração, o vento, o gás natural, via de regra, encontrado juntamente com o petróleo.

As fontes de energia **secundárias** são aquelas obtidas por meio de transformações de fontes primárias, como por exemplo, a eletricidade (que é juntamente com o petróleo e gás natural as fontes mais procuradas pelas sociedades neste século XXI) e os derivados do petróleo como a gasolina e o óleo diesel.

As fontes **primárias** também são classificadas como **renováveis** e não **renováveis**.

As fontes **renováveis** são aquelas cujas durações são proporcionais ao tempo de vida restante do Sol e consequentemente da Terra, ou seja, algo como 4,5 a 5 bilhões de anos, que é o tempo estimado de transformações de todos os átomos de hidrogênio em átomos de hélio.

São reconhecidamente fontes **renováveis**, todas aquelas provenientes do Sol ou da radiação eletromagnética incidente no planeta ou provenientes do efeito gravitacional da Lua sobre a Terra. Como exemplos, têm-se: o efeito solar térmico, o efeito solar fotovoltaico, a biomassa, a hidreletricidade, a geração eólica, a energia das marés e a energia das correntes marítimas.

As fontes **não renováveis** são aquelas com capacidades esgotáveis, ou seja, são dependentes da velocidade de extração. São reconhecidamente fontes **não renováveis** os combustíveis de origem fóssil como o carvão, o petróleo bruto e gás natural e o urânio, que é a matéria-prima necessária para a obtenção da energia térmica gerada nos processos de fissão nuclear ou reatores termelétricos nucleares.

nativos estão à venda neste momento em apenas um dos cerca de 10 grandes sites americanos de comercialização pela rede web, e esses números vem crescendo dia a dia[5].

Automóveis a combustíveis alternativos são aqueles que não utilizam somente a gasolina tradicional para o seu funcionamento, por exemplo: os híbridos que utilizando mais de um tipo de combustível, ou os movidos a eletricidade, biodiesel, etanol, metanol, biogás, gás natu-

---

[5]   Fonte: eBay Motors – Alternative Fuel Vehicle. Disponível em: <http://www.motors.ebay.com>. Acesso em: 08 maio 2010. Os mais comercializados nesse portal são o Honda Civic, o Honda Accord, o Toyota Prius e o Honda Insight.

ral ou movidos a compostos com base no hidrogênio. O hidrogênio é um combustível que fornece grande quantidade de energia por grama. A combustão de 1g de hidrogênio libera 142 kj de energia e a combustão de 1 g de gasolina libera 48 kj, ou seja, o hidrogênio é três vezes mais eficiente. O hidrogênio, porém, não é encontrado na sua forma pura na natureza, e está sempre aliado a outros compostos. Consequentemente, para se obter a separação entre eles necessita-se de energia. No caso da água, por exemplo, a separação entre o hidrogênio e o oxigênio (eletrólise) demanda mais energia elétrica do que é gerada no processo. Essa restrição tecnológica estaria resolvida se a energia elétrica necessária para esse processo, fosse gerada por painéis fotovoltaicos, a custos competitivos. Esse processo, quando resolvido, possibilitará a geração de energia elétrica a partir da água de chuva, aliando sistemas de reuso de água a sistemas fotovoltaicos.

No âmbito dos edifícios e do ambiente construído de uma forma geral, algumas ferramentas de certificação verde e ambientais (ver quadro da próxima página – *Ferramentas de certificação ambiental e a cidade*), ao tratar da questão de vagas destinadas a automóveis movidos a combustíveis eficientes, aceitam somente o uso de gasolina quando para a partida dos motores no momento em que estão frios. A certificação norte-americana Leed (Leadership in Energy and Environmental Design), incentiva o uso de automóveis com *score* ambiental acima de 40[6]. Esse *score* considera dois fatores: o tipo de combustível utilizado e a contribuição de cada veículo nas emissões de gases do efeito estufa.

Vale ressaltar que estamos tratando aqui de veículos com combustíveis alternativos à gasolina apenas, e não de veículos efetivamente verdes, que envolvem uma quantidade maior de variáveis a serem tratadas como, por exemplo, o potencial de reciclagem dos principais materiais utilizados em sua fabricação, as baterias, os plásticos, as tintas e os vernizes, entre outros[7]. A indústria, dos veículos verdes, em particular, está apenas no início. O que não está no início é a indústria dos combustíveis verdes. Muito embora os veículos verdes ainda não sejam uma realidade

---

[6] KLIESCH, James ACEEE – Rating the Environmental Impacts of Motor Vehicles. *ACEEE's Green Book® Methodology*, 70p., n. T041, ago. 2004.

[7] O American Council for an Energy-Efficient Economy analisa a questão dos veículos e dos combustíveis eficientes e publicou uma série de relatórios a esse respeito, como, por exemplo: LANGER, Therese; WILLIAMS, Daniel. Greener Fleets: Fuel Economy Progress And Prospects. *ACEEE*, Report n. T024, dez. 2002.

Ferramentas de certificação ambiental e a cidade

Ferramentas ambientais são metodologias de certificação voluntárias verdes para os edifícios, surgidas a partir da década de 1990 (século XX), como iniciativa da sociedade civil para elevar o desempenho ambiental do ambiente construído.

Todo esse movimento surgiu após a crise do petróleo em 1973, quando os países desenvolvidos organizaram-se rapidamente para aprovar, com força de lei, regulamentos que disciplinassem o consumo de energia no setor dos edifícios. Países como os Estados Unidos ou a França, aprovaram seus regulamentos já em 1974, e os demais o fizeram no decorrer da década de 1970. Ocorre que tais regulamentos não tratavam de questões outras, a não ser do consumo de energia propriamente dito, dos empreendimentos a serem edificados e daqueles que seriam reformados com ampliação de área. Outras questões ambientais, afetas ao setor dos edifícios, não faziam parte do escopo e nem tampouco das discussões naquele momento.

Por outro lado, a sociedade civil percebeu a necessidade de ampliar o escopo das discussões em torno da questão energética para questões como redução do consumo de água, geração de resíduos no processo de produção dos edifícios, materiais sustentáveis desde a cadeia de produção, qualidade do ambiente interior e responsabilidade social.

Criaram-se então as certificações Breeam – Building Research Establishment Environmental Assessment Method; HQE – Haute Qualité Environnementale (1996); e Leed – Leadership in Energy and Environmental Design (1996), entre outras. A quantidade de edifícios em processo de certificação no mundo é cada vez maior, com tendência contínua de crescimento. No Brasil, das três citadas, duas estão presentes: a certificação Leed, coordenada pelo Green Building Council Brasil, e a certificação HQE, adaptada às condições brasileiras e intitulada Aqua – Alta Qualidade Ambiental e coordenada pela Fundação Vanzolini.

Um fato recente, ocorrido no início deste século XXI nos Estados Unidos e que aponta uma tendência internacional, é a utilização pelo poder público, dessas ferramentas, que são, em sua essência, fundamentalmente voluntárias, tornando-as obrigatórias, em determinadas condições, por força de Lei, como foi o caso da cidade de Seattle, que adotou a certificação Leed – Prata obrigatória para edifícios públicos a partir de 2002.

mundial, uma outra indústria está em plena expansão, que é a reciclagem na indústria automotiva. Em países como os Estados Unidos e o Japão, uma parcela dos automóveis, após a retirada dos pneus, das baterias e de alguns outros poucos itens, é destinada inteiramente à indústria de reciclagem. No caso do aço, parte retorna à cadeia produtiva automotiva e parte destina-se a outros produtos não automotivos, como ferramentas e produtos para a construção civil. Todas essas ações convergem para uma única questão que é o aquecimento global e as mudanças climáticas, e envolvem a redução dos GEE (Gases do Efeito Estufa), tais como dióxido de carbono, metano e CFCs (cloro-fluor-carbonos)[8].

Há pouca resistência, entre os cientistas atuais, à ideia de que as modificações no espaço natural decorrentes da atividade humana são responsáveis pelo aquecimento global e pelo degelo de grandes massas de glaciares outrora intocadas e que vem ocorrendo nas últimas décadas, mas a resistência a essa ideia não é nula. Uma parte dos cientistas acredita que o aquecimento global é cíclico e que estamos vivendo um ciclo de aquecimento para entrarmos novamente em um ciclo de resfriamento, e que o atual aquecimento não é resultado da ação humana. Tais cientistas acreditam também que o aumento da temperatura no planeta é apenas um dos fatores para o degelo das massas de gelo, e que não é o mais importante[9].

Se analisarmos os dados referentes aos últimos 425.000 anos, verifica-se que estamos no quinto ciclo de aquecimento deste período (Figura 2.2) e que, desse ponto de vista, a argumentação procede. Por outro lado, não podemos negar que estamos emitindo muito mais GEE do que emitimos nos últimos 425.000 anos, que isso é um fato novo e que, de uma forma ou de outra, essas emissões geram um impacto. É fato que o planeta absorveu e superou os últimos quatro períodos de aquecimento, mas não sabemos de superará o quinto, pois, nos quatro ciclos anteriores, não havia a ação humana como está havendo no presente. Analisando as emissões (Figura 2.2) verifica-se que a natureza não gerou mais do que 300 partes por milhão em quase 450 milênios, e

---

[8] Esses gases oferecem pouca resistência às radiações eletromagnéticas mais intensas, como o ultravioleta, e muita resistência às radiações menos intensas, como o infravermelho longo, ou seja, são opacos a elas. O mesmo efeito é produzido pelos vidros comuns no interior dos edifícios, aquecendo-os além da capacidade passiva de retirada do mesmo calor.

[9] Carlos Madeiro, representante da Organização Meteorológica Mundial (OMM) na América do Sul afirmou, em 11 de dezembro de 2009, que "Não existe aquecimento global", em entrevista especial para o *UOL Ciência e Saúde*. Com 40 anos de experiência em estudos do clima no planeta, o meteorologista da Universidade Federal de Alagoas, Luiz Carlos Molion, também apresenta ao mundo o discurso inverso ao apresentado pela maioria dos climatologistas. Como representante dos países da América do Sul na Comissão de Climatologia da Organização Meteorológica Mundial, Molion assegura que o homem e suas emissões na atmosfera são incapazes de causar um aquecimento global. Ele também diz que há manipulação dos dados da temperatura terrestre e garante: a Terra vai esfriar nos próximos 22 anos.

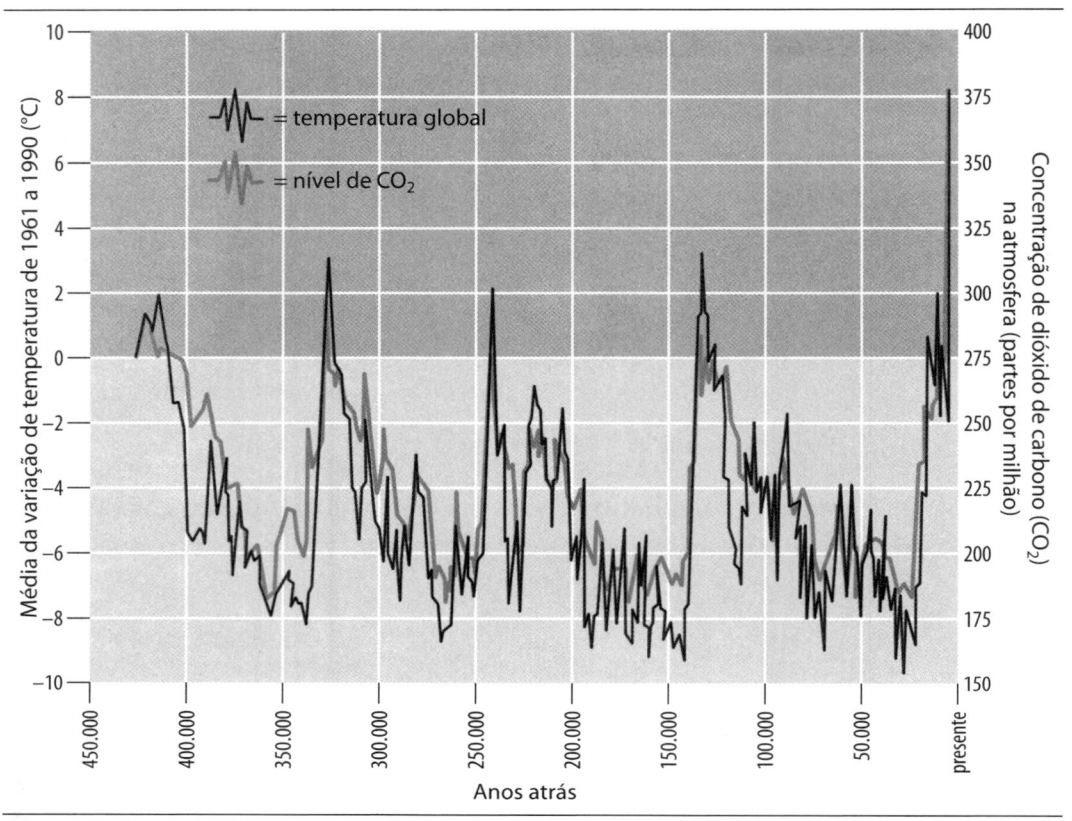

FIGURA 2.2 – Concentração de dióxido de carbono e temperaturas globais referentes aos últimos 425.000 anos.
Fonte: Disponível em: <http://www.planetseed.com>.Acesso em: 12 out. 2010.

no momento, como nunca ocorreu antes, estamos emitindo algo como 25% a mais. Não podemos afirmar, portanto, com absoluta certeza, que o quinto ciclo ocorrerá como os anteriores e que estamos caminhando para uma nova era glacial. Se não houvesse a ação humana, com muita probabilidade, estaríamos iniciando um novo ciclo de resfriamento com duração aproximada de 100.000 anos.

Com a ação humana, dois cenários podem ocorrer. O primeiro é a interrupção desses ciclos – com o planeta não entrando mais em glaciações – e o segundo é a continuidade das glaciações e, portanto entraremos no quinto período, mas, ao contrário dos anteriores, será um período atípico, com temperaturas não tão baixas. Esse talvez seja o cenário mais provável. Quer ocorra uma situação ou quer ocorra outra, os períodos envolvidos são muito longos, e vivemos uma realidade muito presente e que demanda ações muito imediatas. Não podemos continuar emitindo nas mesmas proporções e aguardar as consequências em um futuro a longo prazo. Muito antes do final do prazo, as cidades costeiras pequenas, de porte médio, e algumas metrópoles sofrerão inundações.

Há uma consciência geral, em grande parte das nações desenvolvidas e nações em desenvolvimento, de que é absolutamente necessário fazermos a transição para a era do baixo carbono. Alguns economistas como Stern[10], acreditam que grandes oportunidades econômicas ocorrerão na busca pelo baixo carbono, ao contrário da visão pessimista de muitos outros.

2.2 A cidade industrial e a era do carvão[11]

A cidade industrial rompeu com um padrão outrora estabelecido, conhecido e absorvido pelos governantes e pelas populações que habitavam as cidades inglesas a partir da segunda metade do século XVIII e grande parte das cidades ocidentais a partir do início do século XIX. Ela intensificou os conflitos urbanos na medida em que a demanda por mão de obra gerou aumento no fenômeno das aglomerações sem a existência simultânea de infraestrutura urbana. O advento do carvão, da máquina a vapor e da indústria em larga escala, alterou o modelo econômico e social e promoveu mudanças na forma urbana e nas habitações formais e não formais que prevalecem até hoje nas casas geminadas e em antigas vilas operárias europeias e da América do Norte. Muitas delas foram reabilitadas e permanecem sendo utilizadas até os dias atuais em cidades como Coalbrookdale, Leeds, Liverpool, Manchester, Birmingham, Preston e Pittsburgh entre outras[12].

---

[10] Nicholas Herbert Stern, Barão de Brentford, economista britânico e acadêmico (University of Oxford e University of Cambridge), é professor de Economia e de Governo, além de ser presidente do Instituto Grantham para as Alterações Climáticas e do Ambiente da Escola de Economia de Londres. Stern publicou, em abril de 2009, o livro *A blueprint for a safer planet* pela Random House.

[11] Acredita-se que essa expressão tenha sido utilizada pela primeira vez, por Alfred Marshall, na obra *The principles of economics* (1890, 1922).

[12] Meneguello acrescenta que, "dentre as mais conhecidas cidades inglesas construídas em função de uma indústria, destacam-se os núcleos fabris de Brombourough Pool (fábrica de velas Price's Patent Candle Company, 1853), Port Sunlight (fábrica de produtos de limpeza Lever, 1888), Bournville (fábrica de chocolates Cadbury, 1894), Saltaire (fábrica de fiação concebida por Sir Titus"Salt entre 1851 e 1876) e New Earswick (fábrica de chocolates Rowntree,1902)". MENEGUELLO, Cristina. A cidade industrial e seu reverso: as comunidades utópicas da Inglaterra vitoriana. *História: Questões & Debates*. Editora da UFPR, Curitiba, n. 35, p. 179-210, 2001.

Este tipo de habitação continua sendo projetada e construída segundo o mesmo modelo formal, acrescentando-se o aparato tecnológico do presente para atender não somente as demandas dos equipamentos eletroeletrônicos e a gás cada vez mais presentes, mas também para atender a legislações bastante restritivas em termos de conforto ambiental e eficiência energética existentes no mundo de hoje. Nos últimos 30 anos houve um aumento considerável na potência instalada no setor residencial em todo o mundo, devido à oferta de equipamentos elétricos, principalmente de lazer e cocção que outrora não existiam. Tais equipamentos vêm sendo constantemente substituídos por outros com mais recursos, mas, em muitos casos, os equipamentos ultrapassados permanecem nessas habitações e continuam sendo utilizados[13]. Do ponto de vista da forma e da tipologia arquitetônica, especificamente no setor residencial, há uma herança da cidade industrial que prevalece até os dias atuais, porém já com um caráter mais formal, e vem sendo construída tanto pelo setor público como pelo setor privado.

A cidade industrial aumentou de escala rapidamente e de forma desorganizada, tendo em vista a velocidade de ocorrência da expansão capitalista e o despreparo dos governos locais e da sociedade civil organizada para enfrentar a questão. Entre 1780 e 1880 a população da Inglaterra saltou de 8,5 para 36 milhões, ou seja, multiplicou por um fator de quatro em cem anos, atraindo a população do campo para as cidades e gerando um novo fenômeno no binômio cidade–campo que foi, por volta de 1850, pela primeira vez na história daquele país, o predomínio da população urbana em relação a população rural.

Outros exemplos de rápida expansão populacional deflagrada pela ação industrial são cidades como Chicago – que passou de 4,5 mil para 112 mil habitantes, em 1870, e de 500 mil, em 1880, a cerca de um milhão, em 1890 – e Manchester que saltou de 4 mil habitantes, em

---

[13] Pesquisa realizada em habitações de interesse social, concluída na Faculdade de Arquitetura e Urbanismo da Universidade de São Paulo, em 2003, com apoio da Finep – Financiadora de Estudos e Projetos, que analisou o uso de equipamentos eletro-eletrônicos e suas potências instaladas. Essa pesquisa verificou que equipamentos, como vídeos cassetes, tanques e fornos elétricos e aparelhos de som, entre outros, continuam em uso concomitante com os seus sucessores: leitores de DVD, máquinas de lavar roupa e aparelhos de som integrados. Roméro, Marcelo de Andrade; ORNSTEIN, Sheila Walbe (Coord./edit.). *Avaliação pós-ocupação*: métodos e técnicas aplicados à habitação social. Coleção Habitare Antac – Associação Nacional de Tecnologia do Ambiente Construído, Porto Alegre, 2003. 294p.

1790, para 350 mil, em 1850. Em 1845, Friedrich Engels relatou a situação em que vivia parte da classe operária de Manchester[14] – em termos urbanos e em suas habitações –, em condições semelhantes às encontradas nas favelas e nos cortiços brasileiros do Rio de Janeiro, São Paulo, Recife e Salvador, entre outras cidades. A cidade industrial foi a primeira manifestação de crescimento urbano acelerado, aliado a elevados níveis de insalubridade nos setores residencial e industrial e crescimento acelerado da poluição ambiental no ar, no solo e na água, como gases tóxicos liberados na atmosfera e compostos químicos orgânicos e inorgânicos lançados no sistema hídrico e no solo.

2.3 A energia elétrica e as transformações urbanas

As cidades sofreram novas transformações com a aplicação da energia elétrica, inicialmente na iluminação pública urbana e, posteriormente, no setor de transportes. Alguns fatos marcaram o início desse período, nomeadamente; a demonstração em 1873, pelo cientista belga Zénobe Gramme de que a eletricidade pode ser transmitida de um ponto a outro através de cabos, bons condutores; a invenção da lâmpada com filamento incandescente de carvão saturado em fios de algodão em 1879, pelo norte-americano Thomas Alva Edison e a construção, na cidade de Nova York, da primeira central de energia elétrica com sistema de distribuição. Presenciava-se, naquele momento, o final da era do carvão–vapor e o início da era da eletricidade.

A primeira instalação urbana ocorreu na Broadway, em Nova York, três anos depois, após Edson ter testado cerca de 1.600 possibilidades de filamentos. As grandes transformações, de fato, na vida urbana, causadas pelo uso da eletricidade, ocorreram na última década do século XIX, quando houve a possibilidade de fornecimento de energia elétrica em escala maior.

Um referencial histórico que merece ser destacado é o ano de 1896, quando os bondes da cidade de Nova York passaram a operar por sistemas elétricos fornecidos pela Central Hidrelétrica do Niágara, inaugurada um ano antes. Inicia-se, então, uma transformação paulatina e profunda na vida urbana, nos hábitos e nos costumes das cidades. As

---

[14] ENGELS, Friedrich. *Die lage der arbeitenden klasse in England* [A situação da classe trabalhadora na Inglaterra], 1845.

ruas tornam-se mais largas e surgem os postes e a fiação em todas as ruas. As usinas hidrelétricas, inicialmente mais próximas dos centros urbanos, utilizando-se de pequenos represamentos, vão se afastando, à medida que mais energia vai sendo necessária. Em poucas décadas, a partir do início do século XX, a eletricidade atinge todo o setor residencial, comercial, de serviços e industrial.

2.4 As demandas energéticas nas cidades do século XXI

O século XX foi o século das concentrações urbanas. As ondas migratórias iniciadas no século XVIII potencializaram-se no século XIX e consolidaram-se no século XX. Em termos mundiais, em 2007, estávamos divididos, cerca de 3.303 milhões de pessoas viviam em áreas urbanizadas e 3.303 milhões viviam em áreas rurais[15]. Hoje, no término da primeira década do século XXI, somos mais urbanos que rurais. No Brasil[16], somos 82% urbanos com tendências de crescimento[17] e cerca de 80% da população vive na costa leste. Nossa geração preponderante é a hidreletricidade, que é produzida, via de regra, em unidades afastadas dos grandes centros consumidores. Nesses termos, possuímos no nosso sistema elétrico um elemento de interligação entre oferta e consumo. Esse sistema, por um lado, é positivo, por causa do modelo hidráulico–renovável brasileiro, mas, por outro, é altamente perigoso, em virtude da sensibilidade do sistema a agentes atmosféricos e da necessidade de manutenção constante no sistema de transmissão.

---

[15] Fonte: A população urbana ultrapassou a rural. Disponível em: <h ttp://www.oeco. com.br/todos-os-colunistas/47-eduardo-pegurier/17187-oeco22312>. Acesso em: 30 maio 2007.

[16] População Urbana – "População residente dentro dos limites urbanos dos municípios. Deve-se observar que: 1. As categorias rural e urbana de uma unidade geográfica são, no Brasil, definidas por lei municipal. Os critérios para determinar se um domicílio fica na zona rural ou urbana são políticos e variam, portanto, de um município a outro; 2. Em relação aos domicílios, o IBGE, órgão responsável pelo Censo Demográfico, identifica duas situações: a) em 'situação urbana' estão os domicílios que se localizam em áreas urbanizadas ou não, correspondentes às cidades (sedes municipais), às vilas (sedes distritais) ou às áreas urbanas isoladas; b) em 'situação rural' estão os domicílios que se localizam fora dos limites acima definidos, inclusive os Aglomerados Rurais de Extensão Urbana, os Povoados e os Núcleos". Fonte: Instituto Brasileiro de Geografia e Estatística – IBGE – Fundação Seade.

[17] Dados do Ministério das Cidades. Disponível em: <http://www.cidades.gov.br/minis terio-das-cidades>. Acesso em: 07 nov. 2009.

Prova disso foi o apagão ocorrido em novembro de 2009, que afetou 18 Estados brasileiros e deixou 70 milhões de pessoas sem energia elétrica e 10 milhões sem água[18]. Os desdobramentos persistiram por mais cerca de 10 dias, envolvendo questões de abastecimento de água, sinalização de trânsito urbano e sistemas bancários, entre outros. Nas quatro horas em que a cidade de São Paulo ficou sem luz, houve assaltos, roubos e depredações de patrimônio, evidenciando a total dependência que temos, hoje, em relação à energia elétrica convencional, e a absoluta falta de sistemas alternativos de *back-up*, principalmente nos transportes e na iluminação pública. Esse episódio deixou claro também a vulnerabilidade de sistemas elétricos integrados por extensas redes de transmissão. Uma alternativa para contornar o problema é aproximar a oferta do consumo e, portanto, dos grandes centros urbanos, por meio de geração termelétrica, reduzindo consequentemente a necessidade de grandes extensões de transmissão. A imediata questão ambiental que se coloca são as opções menos impactantes ambientalmente como o gás natural, quando comparado com o óleo combustível ou o carvão.

Boarati[19] após realizar estudo comparativo técnico-financeiro entre as opções de uso da termelétrica ou das hidrelétricas, conclui que para pequenas e médias usinas, as melhores alternativas são as hidrelétricas. Para grandes plantas, ocorre empate técnico, com pequena vantagem para as hidrelétricas segundo uma série de análises de ocorrência e níveis de valoração adotados na pesquisa. Não obstante, a opção hidrelétrica ser do ponto de vista ambiental, uma das alternativas com menores impactos, há que se avaliar a possibilidade de utilizar outras alternativas como as termelétricas, para determinadas funções urbanas, ou como energia principal ou como *back-up*.

---

[18] O governo federal supôs que a concentração de "descargas atmosféricas, ventos e chuvas muito fortes" na região de Itaberá, no interior de São Paulo, causou o apagão que deixou às escuras por quatro horas mais da metade do País, na noite de terça-feira. Segundo o ministro de Minas e Energia, Edison Lobão, o mau tempo teria provocado um curto-circuito que levou à queda na transmissão de energia da Hidrelétrica de Itaipu. Num efeito dominó, a pane desligou pelo menos 15 linhas de transmissão, segundo estimativas do Operador Nacional do Sistema Elétrico (ONS). Fonte: Último Segundo. Disponível em: <http://ultimosegundo.ig.com.br/economia/m 2009/11/12>.

[19] BOARATI, Julio H. et al. *Hidrelétricas e termelétricas a gás natural*: estudo comparativo utilizando custos completos. Departamento de Engenharia de Energia e Automação Elétricas da Escola Politécnica da Universidade de São Paulo, 1998.

2.5 O século XXI: as novas tecnologias e a busca por uma maior sustentabilidade urbana

Por princípio, um ambiente urbano não é sustentável – em qualquer escala. Se promovermos alterações no espaço natural, adaptando-o a algum tipo de forma urbana, estamos introduzindo alterações na biota e nos biomas[20]. Mesmo que o ambiente urbano seja de uma escala reduzidíssima, com poucas unidades habitacionais e de serviços; que haja controle e manejo no lançamento dos resíduos; que haja controle na atividade agrícola de forma a não esgotar o solo e que sejam preservados os cursos d'água da contaminação e as matas ciliares de proteção, ainda assim estaríamos alterando a biota e os biomas e não há sustentabilidade na alteração de biotas, biomas e do espaço natural. O que nos resta a fazer é lutar pela minimização dos impactos da urbanização no espaço natural e quanto maior a forma urbana mais controle será necessário nessa luta.

As cidades são organismos vivos que necessitam de uma quantidade de recursos para a sua sobrevivência e geram, como resultado dessa sobrevivência, uma dada quantidade de resíduos. Esse princípio, de associação análoga entre a cidade e o funcionamento da máquina humana foi proposto pela primeira vez por Wolman, em 1963, e intitulado *Metabolismo Urbano*[21]. Gandy explora esse conceito enfatizando a questão da água como elemento essencial neste processo, do ponto de vista da infraestrutura urbana, dos investimentos e dos direitos dos cidadãos[22].

Ab'saber, quando transporta essa problemática para o caso brasileiro relembra que, quando as discussões sobre ambiente e questões urbanas surgiram no início da década de 1970, no âmbito de um conceito

---

[20] Biota é um conjunto de seres vivos, flora e fauna, que habitam ou habitavam um determinado ambiente geológico, como por exemplo, biota marinha, biota terrestre, ou, mais especificamente, biota lagunar, biota estuária, entre outros. Fonte: Glossário Geológico Ilustrado. Disponível em: <www.unb.br/ig/glossario>. Acesso em: 12 out. 2010.
Segundo definição do Ibama o "bioma" corresponde a comunidades estáveis e desenvolvidas que dispõem de organismos bem adaptados às condições ecológicas de uma grande região. Normalmente, apresentam certa especificidade quanto a clima, solo ou relevo.

[21] WOLMAN, Abel. The metabolism of cities. *Scientific American*, p. 179-190, 1965.

[22] GANDY, Matthew. Rethinking urban metabolism: Water, space and the modern city. *CITY*, v. 8, n. 3, dez. 2004.

conhecido como ecologia urbana, esse conceito não tratava da questão como de fato ela se apresentava e na verdade

> silenciava sobre as consequências negativas da excessiva concentração humana em espaços relativamente reduzidos. Como não existia uma consciência ambiental mais difundida na sociedade e, sobretudo, na mídia, numerosos problemas do ambiente urbano-industrial eram relegados a um tratamento meramente técnico como se fossem coisas menores, pouco dignas de consideração acadêmica[23].

O cenário em que vivemos hoje, no início da segunda década do século XXI é, entretanto, diferente.

O meio acadêmico é um verdadeiro aliado na luta pela sustentabilidade nas cidades. Talvez 20 eventos de pequeno, médio e grande porte, sejam realizados diariamente no Brasil na área da sustentabilidade e temas afins, totalizando cerca de 600 eventos anuais. O meio acadêmico certamente lidera na organização dessas reuniões, seguido pelo Poder Público e pela Sociedade Civil. A própria Sociedade Civil, por meio de suas ONGs e Organizações da Sociedade Civil de Interesse Público (Oscips)[24] propõem projetos e realizam trabalhos de interesse público, que, em virtude de sua constituição jurídica, dificilmente seriam desenvolvidos por universidades públicas.

Procederemos à análise das novas tecnologias presentes nesta primeira década do século XXI e da busca por uma maior sustentabilidade urbana. Tomemos como estudo de caso a cidade de São Paulo cujos principais indicadores são apresentados na Tabela 2.1.

A Figura 2.3 ilustra alguns indicadores *per capita* mensais, selecionados e agrupados, de insumos *versus* PIB.

Os indicadores apresentados na Figura 2.3 mostram um retrato da cidade de São Paulo que pode ser comparada com outras metrópoles mundiais de mesma escala. O consumo de energia elétrica, com base em 2008, está próximo da média nacional de 186 kWh/hab · ano. O

---

[23] AB'SABER, Azis. A sociedade urbano-industrial e o metabolismo urbano. Disponível em: <http://vermelho.org.br/museu/principios>.

[24] Existe certa confusão no entendimento das funções exercidas por ONGs e por Oscips. ONGs são em geral: a) associações civis; b) sem fins lucrativos; c) de direito privado; e) de interesse público. Oscip é uma qualificação decorrente da Lei 9.790 de 23 de março de 1999. Oscips são ONGs, que obtêm um certificado emitido pelo poder público federal ao comprovar o cumprimento de certos requisitos. Fonte: Sebrae-MG. Disponível em: <http://www.sebraemg.com.br/culturadacooperacao/oscip/02.htm>.

consumo de água tratada é bastante elevado, e inclui as perdas na distribuição. A geração de resíduos sólidos orgânicos e não orgânicos é decorrente, entre outros motivos, da grande quantidade de alimentos consumidos diariamente na cidade, da quantidade de perdas de alimentos e do elevado consumo de bens duráveis e, consequentemente, de embalagens e resíduos do setor comercial e público.

TABELA 2.1 – Indicadores da cidade de São Paulo (2009[25])	
Indicadores populacionais	
População[26] (1)	10.886.518 hab.
Densidade populacional urbana	7148 hab./km^2
Indicadores geográficos	
Área (1)	1.523 km^2
Extensão Norte – Sul (km)	60
Extensão Leste – Oeste (km)	35
Parques e áreas verdes (1)	54
Outros indicadores	
Eventos por ano (1)	90.000
Lojas (1)	240.000
Frota de ciclomoto, motoneta, motociclo, triciclo e quadriciclo (8)	808.415
Frota de micro-ônibus, camioneta, caminhonete, utilitários (8)	646.371
Frota de automóveis, incluindo taxis (8)	4.935.962
Frota de caminhões (8)	166.458
Frota de ônibus (8)	41.469
Frota de veículos[27] (8)	6.598.675
Transporte metroviário + CPTM	5,2 milhões/pessoas/dia
Produto Interno Bruto (2006)	R$ 282.852.338.000,00

(continua)

---

[25] Os dados que não especificam a data são de 2009.
[26] Dados de 07 de agosto de 2009.
[27] Este valor está atualizado para o mês de outubro de 2009 e inclui as categorias: ciclomotor, motoneta, motociclo, triciclo e quadriciclo; micro-ônibus, camioneta, caminhonete, utilitários; automóveis, incluindo táxis; caminhões e ônibus. Estão excluídos destes valores as frotas de reboque e semirreboque, bem como a frota dos ditos "outros" não identificados pelo Detran.

(*continuação*)

Insumos	
Consumo de alimentos *per capita* ano (5)	810 kg
Consumo de alimentos *per capita* dia[28] (5)	2,21 kg
Consumo de alimentos na cidade de SP (5)	24.000 toneladas/dia
Consumo de água (2)	3,4 milhões de m^3/dia
Vazão de água necessária (2)	40 m^3/segundo
Consumo de água *per capita*[29] (2)	312 litros/dia
Consumo de energia elétrica anual	23 bilhões de kWh
Consumo de energia elétrica *per capita* anual	2.020 kWh
Consumo de energia elétrica *per capita* diária	5,6 kWh
Consumo de energia elétrica *per capita* por unidade de área	1.258 kWh/m^2 · mês
Consumo de combustíveis	8.201.728.555 lit/ano
Consumo de combustíveis *per capita* mensal	62,8 litros/mês
Geração e emissão de resíduos	
Geração de resíduos sólidos *per capita* (6)	1,5 kg/dia
Geração de águas residuárias *per capita*	250 litros/dia
Emissão de CO_2 anuais (9)	15.748 Gg^{30}/CO_2 equiv.

Fontes:
(1) Cidade de São Paulo – Site oficial de turismo. Disponível em: <http://www.cidadedesaopaulo.com/sp/br/sao-paulo-em-numeros>. Acesso em: 28 nov. 2009.
(2) De olho nos Mananciais. Disponível em: <http://www.mananciais.org.br/upload_/saopaulocons perdassp. pdf>. Acesso em: 28 nov. 2009.
(3) Denatran. Disponível em: <http://www.denatran.gov.br>. Acesso em: 28 nov. 2009.
(4) JB Tecidos. Disponível em: <http://jbtecidos.wordpress.com/2008/06/20/restricoes-ao-transito-de-caminhoes-em-sao-paulo-mobiliza-operadoras>. Acesso em: 28 nov. 2009.
(5) MALUF, Renato S. Consumo de alimentos no Brasil: traços gerais e ações públicas locais de segurança alimentar. São Paulo, Polis – Instituto de Estudo, Formação e Assessoria em Políticas Sociais. 60p. 2000.
(6) Eletropaulo. Disponível em: <www.eletropaulo.com.br/portal/download>. Acesso em: 28 nov. 2009.
(7) IBGE (2008). Disponível em: <www.ibge.gov.br>. Acesso em: 28 nov. 2009.
(8) Detran. Disponível em: <http://www.detran.sp. gov.br/frota/frota.asp>. Acesso em: 29 nov. 2009.
(9) Secretaria do Verde e do Meio Ambiente – Inventario de Emissões de gases do Efeito Estufa, 2006. Ano Base 2003.

---

[28] Alimentos brutos antes do preparo e cocção.
[29] Vale ressaltar que o consumo é desigual nas diversas regiões da cidade de São Paulo. Alguns bairros, como, por exemplo, Higienópolis, possuem consumo *per capita* por habitante de aproximadamente 500 litros/dia, enquanto bairros periféricos da Zonal Leste apresentam consumo diário de pouco mais de 100/litros dia. Fonte: De Olho nos Mananciais. Disponível em: <http://www.mananciais.org.br/upload_/saopaulo consperdassp.pdf>.
[30] Gg = kt = 1.000 toneladas.

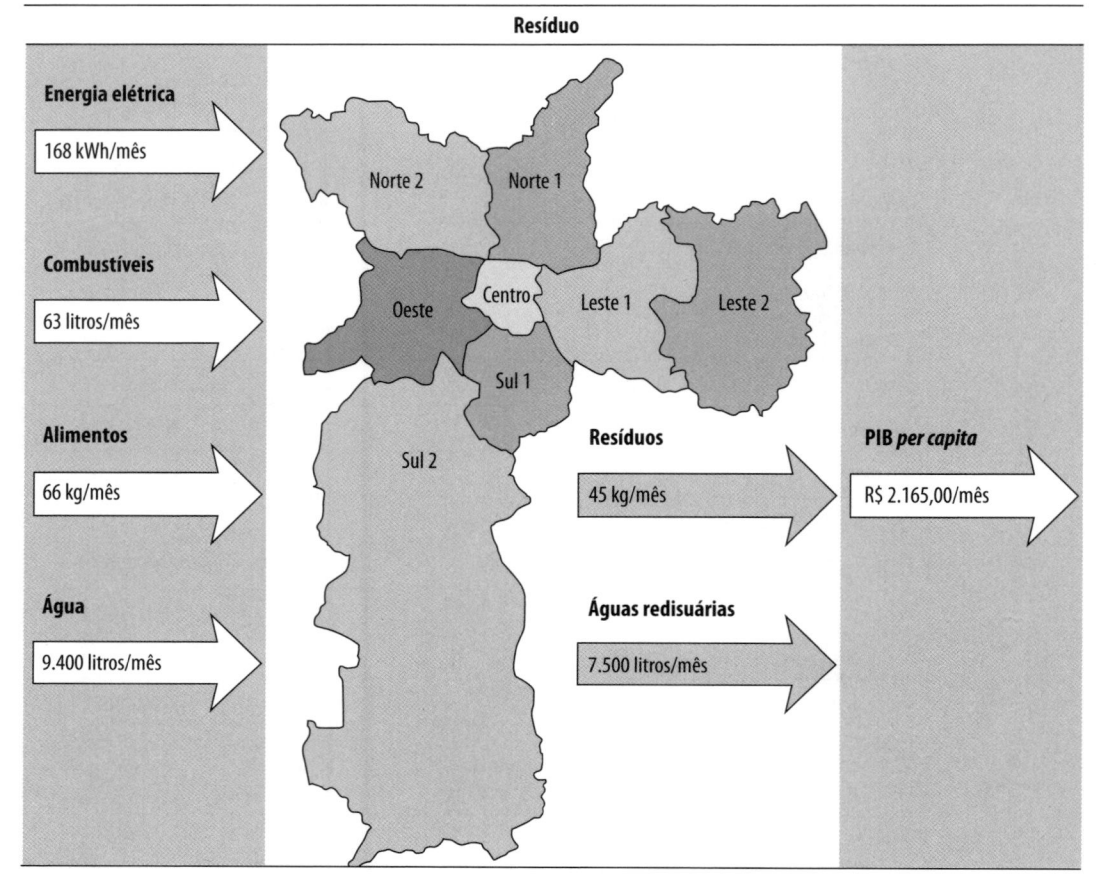

FIGURA 2.3 – Indicadores *per capita* mensais, agrupados, de insumos e PIB – cidade de São Paulo.
Fonte: Elaborada pelos autores.

2.6 Energia elétrica: um panorama geral

Para compreender como se dá e quais são as possibilidades de redução e de um uso mais eficiente e sustentável da energia elétrica na cidade de São Paulo – maior concentração urbana do País –, é necessário, primeiramente, conhecer o comportamento energético do Brasil, sua dinâmica, seu crescimento e as principais fontes de energia utilizadas em todo o território nacional.

Analisando, de forma agregada, um balanço do comportamento energético brasileiro em 2008, nota-se que a oferta interna de energia (OIE) cresceu 5,6%, atingindo 252,2 milhões de toneladas equivalentes de petróleo (tep). Esse crescimento é da mesma ordem de grandeza da variação do PIB nacional, conforme dados divulgados pelo IBGE. Via de

Setor de transportes – consumo de combustíveis

A frota de veículos no Estado de São Paulo, de acordo com o Detran, com dados atualizados em outubro de 2009, é de 19.945.140 veículos. A frota de veículos no município de São Paulo, de acordo com o Detran, com dados atualizados para outubro de 2009, é de 6.598.675 veículos. Nessas condições, a frota de veículos do município é 33% do total do estado. O consumo de combustíveis no Estado de São Paulo em 2008 em m^3, por tipo de combustível, foi o seguinte:

Álcool hidratado	7.251.253 m^3
Gasolina	7.020.308 m^3
Óleo diesel	10.557.333 m^3
Total	24.828.894 m^3 ou 24.828.894.000 litros.

O consumo estimado de combustíveis no município de São Paulo é de 33% de 24.828.894.000 litros, ou seja: 8.201.728.555 litros por ano, com base em 2008. Não está incluso o GNV. Existem dados para o GLP da própria ANP. O GNV diferencia-se do gás liquefeito de petróleo (GLP) por ser constituído por hidrocarbonetos metano e etano, enquanto o GLP possui, em sua formação, hidrocarbonetos propano e butano.

Fonte dos dados veiculares: Detran-SP
Fonte dos dados de combustíveis: Agência Nacional do Petróleo, Gás Natural e Biocombustíveis – Superintendência de Planejamento e Pesquisa.

regra, essa é uma característica de países em desenvolvimento. Países desenvolvidos tendem a apresentar curvas de crescimento do consumo de energia desvinculadas do PIB, ou seja, maiores crescimentos econômicos não são acompanhados na mesma proporção pelo crescimento do consumo de energia.

Incluindo todas as fontes de energia, o Brasil consumiu, em 2008, 211,9 milhões de tep (toneladas equivalentes de petróleo). Comparativamente com os demais países da América Latina, o consumo brasileiro é ligeiramente inferior aos consumos do México, da Argentina e da Venezuela juntos, nomeadamente o 2º, 3º e 4º colocados[31]. Trata-se, portanto, de uma potência energética na América do Sul, responsável por 35,6% do consumo da América Latina[32].

---

[31] (1º) Brasil: 1.355.368; (2º) México: 800.331; (3º) Argentina: 361.886; (4º) Venezuela: 326.320 Btoe (bilhões de toneladas equivalentes de petróleo). Dados integralizados pelo Olade (2006 – Ano base 2000).

[32] Incluindo México, América Central e América do Sul.

Isolando-se a fonte secundária "eletricidade", o Brasil consumiu em 2006, 460,50 TWh. O consumo de eletricidade, incluindo os montantes atendidos pela autoprodução, cresceu 4,0%, em 2008, o que correspon-de à faixa situada, aproximadamente, entre 4 e 5% que vem crescen-do nos últimos 10 anos. Consequentemente, a intensidade energética do País, expressa pela relação OIE/PIB, manteve-se estável, em 160 tep US$ e a intensidade elétrica caiu para 0,316 kWh/US$. A oferta *per capita* de energia cresceu de 1,261 para 1,314 tep/hab enquanto o consumo *per capita* de eletricidade cresceu 2,61%, evoluindo de 2.177 para 2.234 kWh/hab.

O crescimento da participação do gás natural na matriz energética nacional subiu um ponto percentual, atingindo 10,3%, e é um fato rele-vante dos resultados apurados em 2008. Produtos da cana-de-açúcar, tais como etanol, bagaço, caldo e melaço para fins energéticos, amplia-ram sua fatia na matriz, para 16,4%, crescendo meio ponto percentual em relação a 2007. Dessa forma, a cana-de-açúcar consolidou a segunda posição entre as principais fontes de energia primária no Brasil, atrás apenas do petróleo e seus derivados.

A energia hidráulica teve sua participação reduzida em mais de um ponto percentual, em virtude do aumento de outras fontes primárias geradoras de eletricidade, como as termelétricas.

Houve um aumento da geração termelétrica (+37,9%), em relação a 2008. Esse tipo de geração apresenta um aspecto altamente positivo, que é a possibilidade de aproximar a oferta dos consumidores finais, reduzindo, dessa forma, as perdas na transmissão, e apresenta também um aspecto negativo que é a elevação das emissões na queima de com-bustíveis, quando comparado com a hidreletricidade.

Com relação aos combustíveis líquidos, destaca-se a continuada ex-pansão no consumo de etanol (+ 17,7%). Foi significativo o aumento no consumo de óleo diesel (+ 7,7%) nos primeiros 10 meses do ano, im-pactando a atividade de transporte rodoviário. Em termos agregados, o crescimento do consumo final de energia foi de 5,2%.[33] A Tabela 2.2, a seguir, apresenta um resumo dos principais setores consumidores no

---

[33] Fonte: Adaptado e complementado de: TOLMASQUIM, Mauricio; GUERREIRO, Amil-car. Empresa de Pesquisa Energética – Epe – Ministério de Minas e Energia – MME – *Balanço Energético Nacional, 2009* – ano base 2008: Resultados Preliminares.

Brasil e das fontes de energia primárias e secundárias envolvidas. Com isso, tem-se um retrato, não somente do comportamento do setor, mas também das possibilidades de redução de fontes menos sustentáveis por fontes mais sustentáveis.

TABELA 2.2 – Consumo de energia setorial no Brasil por fonte[34] (2008) 10^3tep										
	Industrial		Residencial		Comercial		Agropecuário		Transportes	
	Valor	%	Valor	%	Valor	%	Valor	%	Valor	%
Eletricidade	17.083	20,3	89.141	35,6	5.352	86,9				
Lenha	6.344	7,6	7.918	34,6			2.514	25,9		
GLP			6.054	26,5						
Óleo diesel							5.492	56,7	30.997	50,3
Gasolina									14.538	23,6
Álccol hidratado									6.778	11
Álcool anidro									3.361	5,5
Bagaço de cana	15.748	18,8							15.748	18,8
Carvão mineral	10.538	12,5							10.538	12,5
Gás natural	8.425	10							8.425	10
Carvão vegetal	5.683	6,8							5.683	6,8
Óleo combustível	4.451	5,3							6.344	5,3
Outros	Valor	18,7	768	3,4	829	13,6	1.683	17,4	5.974	9,7

Fonte: *Balanço Energético Nacional*[35] *2009* – ano base 2008: Resultados Preliminares. Rio de Janeiro: EPE – Empresa de Pesquisas Energéticas, 2009.

---

[34] As outras fontes de energia para cada setor analisado são as seguintes: Industrial: inclui lixívia, óleo diesel, GLP e coque de petróleo, dentre outros. Residencial: inclui gás natural, querosene e carvão vegetal. Comercial: inclui gás natural, lenha, óleo diesel, óleo combustível, GLP e carvão vegetal. Agropecuário: inclui gás natural, óleo combustível e eletricidade. Transportes: inclui gasolina de aviação, querosene de aviação, gás natural, óleo combustível e eletricidade.

[35] O BEN foi criado em 1976 com o objetivo de expor estatísticas de energia do Brasil, uma vez que, até aquele momento, o País não possuía dados gerais sobre energia, apenas estatísticas setoriais. A motivação para sua criação ocorreu após o mundo ter enfrentado a primeira crise do petróleo, em 1973, como afirma o coordenador-geral do BEN, João Patusco. "Nesse período, o preço do petróleo passou de US$3 paraUS$ 12 o barril, e isso começou a exigir estudos de planejamento do Brasil, e não possuíamos estatísticas". Disponível em: <http://www.mme.gov.br/portalmme/pdf/1259872523475.pdf>. Acesso em: 05 dez 2009.

Do ponto de vista da energia elétrica, o Estado de São Paulo apresentou comportamento estável na demanda por energia elétrica em outubro de 2009, quando na comparação com igual intervalo de 2008, com leve recuo de 0,6%, de 10,367 mil GWh para 10,302 mil GWh. De acordo com a Secretaria de Saneamento e Energia do Estado, o consumo industrial, que representa 44,3% do mercado, diminuiu 2,9% no período, para 4,565 mil GWh. A demanda do setor público caiu 4,1%, para 1,092 mil GWh.

Em contrapartida, o consumo residencial apresentou trajetória de alta no último trimestre de 2009, ou seja, cresceu 2,2% em outubro, quando comparado com igual período de 2008, alcançando 2,795 mil GWh. Na mesma linha, a demanda do setor comercial aumentou 3,4%, para 1,85 mil GWh. No acumulado do ano até outubro, na comparação com igual intervalo do ano passado, o consumo total de energia elétrica no estado recuou 1,5%, indo para 97, 472 mil GWh[36].

2.7 Energia elétrica: os edifícios e a cidade

No âmbito da energia consumida nos edifícios, o Balanço Energético Nacional (BEN) adota a seguinte classificação setorial: residencial, comercial e público. O setor comercial engloba os subsetores de comércio e serviços. O consumo de energia total no setor dos edifícios (residencial, comercial e público) representa, no Brasil, algo situado entre 14 e 15% de toda a energia consumida. Isolando somente a eletricidade, esses valores representam um intervalo situado entre 44 e 50%, dependendo da série histórica em análise. Em 2007 esses três setores agrupados apresentaram consumos totalizando 44,5% do País (Tabela 2.3). Esses valores são muito próximos da situação ocorrida em países desenvolvidos (países membros da OCDE[37]) e países em desenvolvimento.

---

[36] Abril.com. Disponível em: <http://www.abril.com.br/noticias/economia/consumo-energia-sp-recua-0-6-outubro-602774.shtml>. Acesso em: 05 dez. 2009.

[37] A Organização para a Cooperação e Desenvolvimento Econômico ou Organização de Cooperação e de Desenvolvimento Econômicos (OCDE), foi criada em 30 de setembro de 1961, sucedendo à Organização para a Cooperação Econômica Europeia, criada em 16 de Abril de 1948. A OCDE possui os seguintes objetivos: apoiar um crescimento econômico duradouro; desenvolver o emprego; elevar o nível de vida; manter a estabilidade financeira; ajudar os outros países a desenvolver as suas economias e contribuir para o crescimento do comércio mundial. São membros da OCDE os seguintes países: Alemanha, Austrália, Áustria, Bélgica, Canadá, Coreia, Dinamarca, Espanha, Estados Unidos, Finlândia, França, Grécia, Holanda, Hungria, Irlanda, Islândia, Itália, Japão, Luxemburgo, México, Noruega, Nova Zelândia, Polônia Portugal, Reino Unido, República Checa, República Eslovaca, Suécia, Suíça e Turquia.

TABELA 2.3 – Composição setorial do consumo de eletricidade										
Identificação	1997	1998	1999	2000	2001	2002	2003	2004	2005	2006	2007
Consumo final (mil tep)	25.333	26.394	27.144	28.509	26.626	27.884	29.430	30.955	32.267	33.536	35.443
Setor energético	3,1	3,1	3,3	3,2	3,6	3,6	3,5	3,7	3,6	3,7	4,2
Residencial	25,1	25,9	25,7	25,2	23,8	22,4	22,3	21,8	22,2	22,0	22,1
Comercial	13,0	13,5	13,8	14,3	14,4	14,0	14,1	13,9	14,3	14,2	14,2
Público	8,8	8,9	8,9	8,8	8,8	8,7	8,7	8,4	8,7	8,5	8,2
Agropecuário	3,7	3,8	4,0	3,9	4,0	4,0	4,2	4,1	4,2	4,2	4,3
Transportes	0,4	0,4	0,4	0,4	0,4	0,3	0,3	0,3	0,3	0,4	0,4
Industrial	46,0	44,4	43,9	44,2	45,0	47,1	47,0	47,8	46,7	47,0	46,7
Total	100	100	100	100	100	100	100	100	100	100	100

Fonte: BEN 2008 – Empresa de Pesquisas Energéticas.

As alternativas de redução do consumo de energia nas cidades iniciam-se por controlar os consumos desses três setores. Desde a década de 1980, quando foi criado o Programa Nacional de Conservação de Energia Elétrica (Procel)[38], diversas iniciativas vêm sendo criadas no âmbito da conscientização de projetistas, clientes e incorporadores ligados ao mercado da construção civil, mas sem apresentar resultados significativos. A experiência internacional comprovou que somente medidas restritivas legais resultaram em reduções significativas de consumo de energia nos edifícios. Destacam-se aqui particularmente os casos dos Estados Unidos e da França, em que os consumos nos novos edifícios obtiveram reduções expressivas com a entrada, no mercado, dos regulamentos energéticos, após a crise do petróleo em 1973. Diversos outros países aderiram a programas regulamentares e obtiveram resultados semelhantes.

---

[38] O Procel foi criado em dezembro de 1985 pelos Ministérios de Minas e Energia e da Indústria e Comércio, e gerido por uma Secretaria Executiva subordinada à Eletrobrás. Em 18 de julho de 1991, o Procel foi transformado em Programa de Governo, tendo suas abrangência e responsabilidades ampliadas. O Programa utiliza recursos da Eletrobrás e da Reserva Global de Reversão (RGR) fundo federal constituído com recursos das concessionárias, proporcionais ao investimento de cada uma e utiliza, também, recursos internacionais. Fonte Eletrobrás. Disponível em: <http://www.eletrobras.com/elb/procel/>. Acesso em: 05 dez 2009.

O Brasil deu o primeiro passo nesse sentido em 2009, quando lançou o Selo Procel Edifica, inicialmente para os setores comercial e público e posteriormente para o setor residencial, que se encontra em estudo. Trata-se do Regulamento Técnico da Qualidade do Nível de Eficiência Energética de Edifícios Comerciais, de Serviços e Públicos que instituiu a Regulamentação para a Etiquetagem Voluntária do Nível de Eficiência Energética de edifícios comerciais, de serviços e públicos. Espera-se um resultado significativo quando o selo se tornar obrigatório a partir de 2014 ou, no máximo, 2015. No momento, as candidaturas para a obtenção do selo são totalmente voluntárias e permanecerão assim por um período de cinco anos, desde a sua implantação em 2009 (ver quadro da página 101 – *Etiqueta Procel Edifica*).

A Eletrobrás/Procel estima que a economia de energia elétrica em edifícios residenciais, comerciais e públicos pode chegar a 53 bilhões de kWh caso seja adotada uma política agressiva de eficientização[39]. Essa energia economizada, segundo a Eletrobrás/Procel, seria suficiente para suprir anualmente cerca de 2,7 milhões de residências. Trata-se de uma estimativa bastante otimista quando considerarmos que o consumo total de eletricidade no Brasil foi de cerca de 393 bilhões de kWh em 2008 e isso significa uma redução de 13,5%.

2.8 Potencial de eficientização no setor residencial

O setor residencial é responsável por 22,1% do consumo de energia elétrica nacional, e esse percentual vem se reduzindo desde o início do ano 2000, quando correspondia a 25,2% (Tabela 2.3). Isso não significa reduções de valores nominais de consumo, que na verdade vêm crescendo, principalmente em virtude da estabilidade inflacionária que o País vem experimentando já há alguns anos. Trata-se de uma redução percentual, decorrente da elevação de outros setores como o setor comercial e o agropecuário. O setor residencial utiliza eletricidade, na proporção de 35,6%, seguida da lenha com 34,6% e do GLP com 26,5% (Tabela 2.2). O potencial de eficientização do uso da eletricidade é grande, mormente quando considerada a massa construída existente.

---

[39] Eletrobrás. Disponível em: <http://www.eletrobras.gov.br/elb/procel>. Acesso em: 05 dez. 2009.

Etiqueta Procel Edifica

Regulamentação para a Etiquetagem Voluntária do Nível de Eficiência Energética de Edifícios Comerciais, de Serviços e Públicos.

Participação dos sistemas na Regulamentação (pesos):

ILUMINAÇÃO ARTIFICIAL   30%

CONDICIONAMENTO   40%

ENVOLTÓRIA   30%

Os edifícios ganharão selos que resumirão o desempenho de três sistemas: envoltória (como apresentado pela figura acima), sistema de iluminação artificial e condicionamento ambiental. Esses sistemas estão diretamente ligados ao projeto de arquitetura, ou seja, quanto mais eficiente e integrado com o clima e com as condições de uso do edifício, melhor será o desempenho total do edifício.

A especificação adequada da composição da envoltória opaca resultará em um menor consumo de energia por meio de sistemas artificiais. A especificação da componente transparente da envoltória, ou seja, envidraçados e proteções solares, resultará em níveis mais elevados de iluminância interna e, consequentemente, menor consumo de energia com sistemas artificiais.

A especificação adequada da componente iluminação artificial, já bastante reduzida pelo efeito da luz natural nos períodos diurnos e utilizando a tecnologia de lâmpadas, luminárias e reatores existentes no mercado nacional, tende a fornecer ao edifício, um desempenho compatível para a obtenção da letra A. Vale ressaltar que a tecnologia de lâmpadas e luminárias vem se desenvolvendo com muita velocidade no mudo e, rapidamente, essa tecnologia é transferida para o Brasil.

Todos os edifícios receberão conceitos de A a G para os três sistemas que formarão a composição final do nível obtido.

A quantificação desse potencial é função direta do conhecimento do consumo desagregado por usos finais[40] nesse setor.

A massa edificada nacional é centenas de vezes mais elevada que a massa a ser edificada nos setores residencial, comercial e público, ou seja, existe um potencial muito maior em ações de *retrofit*[41] do que eficientizando novas edificações. Analisando mais detalhadamente esse conceito poder-se-ia reduzir ainda mais o consumo no setor residencial, algo em torno de 10%, pois muitas ações foram realizadas nesse setor quando do racionamento de energia sofrido pelo País em 2001. Naquele momento, houve a obrigatoriedade de se reduzir 20% em todas as unidades residenciais. O País alcançou esse percentual graças a um grande esforço da população e algum investimento na substituição de tecnologias de iluminação obsoletas. Esse foi um dos aspectos mais importantes do racionamento e uma herança que permanece até os dias atuais. Estimam-se, pelas concessionárias distribuidoras de energia, nos centros urbanos brasileiros, que dos 24% economizados, cerca de 7%, em média, permaneceram e 17% deixaram de ser economizados e voltaram a ser utilizados. Entretanto, o resultado que permaneceu indicou que foi implantada uma cultura de eficientização compulsória nos sistemas de iluminação artificiais.

De fato, no setor comercial em primeiro lugar e, posteriormente, no residencial, veem-se com frequência lâmpadas fluorescentes e fluorescentes compactas em vez de lâmpadas incandescentes. Os potenciais 10% a serem, ainda, obtidos somente o seriam por meio de políticas ou restritivas, ou de incentivo. Restritivas, da mesma forma que o racionamento de 2001, e de incentivo, por meio da substituição de lâmpadas pelas concessionárias ou por meio de incentivos nos impostos. Há ainda um potencial situado entre 2,5 e 3% em virtude da substituição de geladei-

---

[40] Consumo desagregado por usos finais: tratam-se dos valores nominais ou percentuais em kWh, ou unidades equivalentes, que demonstrem em que a energia é de fato utilizada, ou seja, no setor residencial os usos finais, via de regra, são: iluminação, refrigeração (geladeira e freezer), equipamentos e aquecimento. No setor comercial, via de regra, são: iluminação, equipamentos e condicionamento. Os usos finais são obtidos, na maioria dos casos, por pesquisas elaboradas pelas concessionárias ou por agências de energia públicas ou empresas do terceiro setor.

[41] *Retrofit* é um termo utilizado na área de eficiência energética para designar ações de atualização tecnológica em edifícios. O termo começou a ser utilizado no Brasil na década de 1980 e atualmente empregado de uma forma geral na área da construção civil, em *retrofit* de fachadas ou instalações.

ras ineficientes por geladeiras eficientes. Totalizando, o setor residencial pode colaborar com 13% de redução, ou cerca de 3% do consumo nacional. As propostas apresentadas aqui têm viabilidade de implantação, técnica e economicamente.

Uma ação bastante significativa na direção da sustentabilidade no setor residencial é a utilização de painéis solares térmicos no aquecimento ou preaquecimento da água, reduzindo, assim, as parcelas referentes a energia elétrica e ao gás, ou seja, essa ação geraria efeito de impacto em 62% do setor. A Lei n. 14.459 de 3 de julho de 2007, que acrescenta, ao Código de Obras e Edificações, um dispositivo sobre a instalação de sistema de aquecimento de água por energia solar nas novas edificações do município de São Paulo, não deve impactar significativamente a massa já edificada. Haverá certamente alguma ação nas novas edificações e um pouco menos em obras de reformas. O grande contingente edificado não será atingido pela lei e, consequentemente, o potencial a ser conservado no uso final – aquecimento de água – permanecerá inalterado. Outras políticas se fazem necessárias, como, por exemplo, a prática de incentivos para os consumidores que aderirem ao uso de aquecedores solares, substituindo a eletricidade, quer para banho quer para aquecimento de piscinas em residências ou clubes.

2.9 Potencial de eficientização no setor comercial

O setor comercial é responsável por 14,2% do consumo de energia elétrica nacional e vem se mantendo nesse patamar desde o início do ano 2000 (Tabela 2.3). O setor utiliza, basicamente, a eletricidade, 86,9%, como fonte de energia (Tabela 2.2). O potencial de eficientização é grande, mormente quando considerada a massa construída existente. A quantificação desse potencial é função direta do conhecimento do consumo desagregado por usos finais nesse setor. Diversas pesquisas foram e continuam sendo conduzidas no Brasil para atualizar constantemente os dados do consumo desagregado no setor comercial que agrega, efetivamente, todos os edifícios de comércio e todos os edifícios de serviços. Trata-se, portanto de uma gama bastante variada de tipologias arquitetônicas, escalas, e usos diversos em termos de equipamentos e quantidade de pessoas que os utilizam.

Para conhecer o setor comercial e lançar algumas ideias sobre o percentual de eficientização possível nessa grande massa edificada, analisaremos duas pesquisas, sendo a primeira conduzida pelo Procel, a mais antiga, e uma segunda conduzida pela Universidade de São Paulo (USP).

A pesquisa mais antiga e mais completa já realizada nesse setor foi coordenada pelo Economista Alessandro Barghini e realizada pelo escritório JWCA[42] em 1985. A pesquisa levantou, detalhadamente, 400 edifícios do Setor Comercial e, de forma pioneira, quantificou o consumo desagregado por usos finais de edifícios de escritórios, shopping centers, postos de gasolina, lojas e restaurantes, entre outros. Essa pesquisa concluiu que, quanto maior é a área do edifício, maior é o consumo por unidade de área, ou seja, a escala e a proporção da planta arquitetônica potencializam o consumo de energia. Essa foi uma conclusão importante, pois pôde, pela primeira vez, quantificar o impacto das grandes lajes dos edifícios comerciais nos consumos das cidades brasileiras. Os indicadores apontados na ocasião são utilizados até hoje para analisar, comparativamente, a evolução e o comportamento do consumo do setor. A título de exemplo, a potência instalada média com equipamentos nos edifícios de escritórios, em 1985, era de 7 w/m^2, e hoje situa-se entre 40 e 90 w/m^2, apresentando, portanto, uma evolução significativa. Os elevadores que nos mesmos edifícios participavam com percentuais de cerca de 7% no consumo total, hoje participam com 25%. A pesquisa determinou faixas de consumo para os usos finais mais relevantes do setor (iluminação e condicionamento ambiental) para uma série de usos de edificações, a saber:

- Escritórios
  Iluminação: 50%
  Ar condicionado: 34%

- Bancos
  Iluminação: 52%
  Ar condicionado: 34%

- Restaurantes
  Iluminação: 20%
  Ar condicionado: 7%

---

[42] Jorge Wilheim Consultores Associados.

- Shopping Centers
  Iluminação: 49%
  Ar condicionado: 34%

- Serviços pessoais
  Iluminação: 9%
  Ar condicionado: 3%

- Mercearias
  Iluminação: 25%
  Ar condicionado: 2%

- Postos de gasolina
  Iluminação: 43%
  Ar condicionado: 5%

- Oficinas
  Iluminação: 56%
  Ar condicionado: 4%

- Lojas de varejo
  Iluminação: 76%
  Ar condicionado: 12%

Resumidamente, os percentuais de consumo dos usos finais iluminação artificial situaram-se entre 12 e 57%; do ar condicionado situaram-se entre 25 e 75% e dos equipamentos de uma forma geral situaram-se entre 06 e 38%.

Uma segunda pesquisa realizada por Roméro[43], em 1994, desagregou o consumo de quatro torres de escritórios da cidade de São Paulo e constatou elevados percentuais de eficientização nos usos finais iluminação artificial e condicionamento ambiental diretamente ligados ao projeto de arquitetura e comprovou, de forma pioneira, que os projeto de arquitetura é um indutor de consumos mais elevados, que poderiam ser reduzidos, por decisões da equipe de arquitetos. A pesquisa, nesses estudos de caso, quantificou o volume de consumo de energia que teria sido evitado, caso determinadas decisões de escolhas de fachadas e de iluminação artificial tivessem sido tomadas na etapa de concepção.

---

[43] ROMÉRO, Marcelo de Andrade. *Arquitetura, comportamento e energia*. Tese de livre-docência – FAU-USP, São Paulo, 1994. mimeo.

2.10 Potencial de eficientização no setor público

O setor público é responsável por 8,2% do consumo de energia elétrica nacional, e esse percentual vem se reduzindo desde o início do ano 2000, quando correspondia a 8,8% (Tabela 2.3). Similar à do setor residencial, trata-se de uma redução percentual, decorrente da elevação no consumo de outros setores, como o setor comercial e o setor agropecuário. O potencial de eficientização do uso da eletricidade é grande, principalmente quando considerada a massa construída existente. O uso final de maior impacto no setor público é a iluminação artificial, com cerca de 50% de participação média. Em edifícios que não possuem equipamentos de ar condicionado, esse percentual sobe para 70%, em média.

Pesquisa conduzida por Roméro[44] apontou a preponderância da iluminação artificial em edifícios públicos de ensino superior e o elevado potencial de eficientização nesse segmento. A qualidade dos sistemas de iluminação do setor público é bastante baixa, com potências médias de 20 w/m^2, quando a tecnologia disponível no mundo e no Brasil, hoje, oferece sistemas que operam com potências situadas entre 7 e 10 w/m^2, garantindo níveis de iluminância de 500 lux no plano de trabalho[45]. Nos próximos 10 anos, essas potências deverão ser reduzidas, em ambientes de escritórios para algo entorno de 5w/m^2, utilizando a tecnologia do LED[46], ou seja 1/5 dos níveis praticados há 25 anos no Brasil e no mundo. Hoje, já trabalhamos com ½ dos níveis praticados há 25 anos e, sem dúvida alguma, o País já se beneficiou muito com o avanço tecnológico dos sistemas de iluminação artificial. Especificamente para esse uso final, as ações de *retrofit* que constantemente são implantadas por empresas públicas e privadas tendem a absorver tecnologias mais eficientes e, paulatinamente, antigos sistemas são substituídos por novos sistemas, mesmo na administração pública. Nos novos edifícios, existe uma tendência para se especificar e utilizar os sistemas mais avançados em detrimento dos mais antigos. Vale ressaltar aqui que, do ponto de vista econômico, o tempo para retorno do capital investido em tecnologias mais caras de iluminação artificial tem sido inferior a dois anos, na maioria dos casos.

---

[44] ROMÉRO, Marcelo de Andrade. *Método de conservação de energia elétrica em campi universitários*: o caso da Cuaso – Cidade Universitária Armando Salles de Oliveira. Tese de Doutorado – FAU-USP, São Paulo, 1994. mimeo.

[45] Esses níveis são obtidos em condições de ambientes com paredes, pisos e forros claros.

[46] LED (light-emitting diode).

2.11 Energia elétrica: as concentrações urbanas, a demanda de energia e a evolução tecnológica

O Brasil é um país urbano com tendências de crescimento em suas taxas de urbanização. As grandes metrópoles brasileiras continuam sendo polos de atração para populações que vivem com valores próximos a 1 US$/dia *per capita*. A mancha urbana das cidades brasileiras avança em áreas ocupadas pela agricultura ou áreas naturais. Muitas vezes, barreiras físicas como muros e cercas são impostas para frear o avanço urbano, mas, paralelamente ao avanço horizontal, existe a verticalização das cidades, criando ambientes cada vez mais densos. O poder público participa e incentiva esse movimento, penalizando os vazios urbanos privados e elevando coeficientes de aproveitamento em diversas áreas de cidades de médio e grande porte no País. Esse é o nosso cenário. As ferramentas de certificação verde que ostentam a bandeira da sustentabilidade também incentivam o adensamento, propondo patamares mínimos de densidade urbana, mas não mencionando patamares máximos[47], como se isso não fosse necessário. Um país e um mundo cada vez mais urbanos e concentrados é o nosso desafio.

A necessidade de energia é crescente, não somente pelo aumento da massa edificada, como também pelo aumento nominal do consumo em alguns setores como o residencial, por exemplo, em que ainda existe no Brasil, e em São Paulo, uma demanda reprimida por alguns tipos de equipamentos. Existem sem dúvida, como argumentado anteriormente, possibilidades de eficientização, mas a tendência é de crescimento, tornando as cidades polos cada vez mais absorvedores de energia. O nosso modelo hidrelétrico, portanto descentralizado, embora interligado, nos torna dependentes da transmissão e das perdas associadas. A aproximação entre a oferta e a demanda nos centros urbanos pode ser feita por meio de termelétricas que queimem combustíveis renováveis e com baixo impacto ambiental. Em algumas metrópoles a queima de resíduos sólidos urbanos, mantendo os níveis de emissões abaixo dos indicadores ambientais, pode ser uma opção muito interessante, a exemplo de outros países, como Portugal por exemplo. Ações individuais nos edifícios, quer por força regulamentar ou não, sem dúvida

---

[47] Esse é o caso da ferramenta Leed, que, no bloco de iniciativas referentes ao sítio (*site*), pontua projetos situados em áreas com densidades superiores a 60.000 pés quadrados por acre.

auxiliam na redução da demanda e compensam as elevações decorrentes do aumento da massa edificada.

A evolução tecnológica é parte substancial da solução, mas não é suficiente para promover ações verdadeiramente sustentáveis. Políticas públicas e políticas de governo que promovam o uso de tecnologias eficientes e programas restritivos, ou programas de incentivo na sua utilização, são soluções verdadeiramente possíveis.

3 Conclusões

A estrutura metropolitana de São Paulo se desenvolveu e, pode-se dizer, se transformou ao longo do tempo. Vários desacertos relativos aos impactos negativos no ambiente revelaram-se chave para que se reconsiderasse a rota do desenvolvimento dirigindo-o para maior sustentabilidade. Formaram-se novas centralidades, apresentando desenvolvimento, produção e qualidade de ambiente, com a localização de empreendimentos do setor terciário superior da economia, cuja vitalidade é expressiva.

Desse modo, de uma metrópole que ganhou impulso pela industrialização e que se transformou, gerando emprego, renda, e atraindo migração interna, passou-se a outra, que se espalha territorialmente e que se terceiriza, tornando-se centro local, regional, mas também nacional.

Uma metrópole de contrastes, cujo desenvolvimento gerou uma fragmentação urbana em que pobres e ricos se segregam, formando bairros específicos, e cuja periferia se apresenta com suas desigualdades – a parte rica com seus condomínios residenciais e a pobre, formada por favelas, autoconstrução de mutirões e conjuntos habitacionais. As áreas centrais se esvaziam de população, permanecendo prédios desocupados, edificações envelhecidas e sem manutenção, além de cortiços, num centro com moradores de baixo poder aquisitivo. As novas centralidades mostram que o setor de comércio e serviços se expressa nacionalmente e internacionalmente. Mas há uma diferença de crescimento populacional, pois a população dos municípios metropolitanos periféricos continua crescendo, enquanto no município central a população praticamente não cresce mais. Dessa forma, a metrópole está se transformando espacialmente e, como um todo, concentra população, que apesar dos contrastes e desigualdades, continua com uma participação crescente no produto interno bruto, do estado e do País.

Essa transformação passou por modificações estimuladas por distintas políticas públicas federais e estaduais, principalmente aquelas relativas à metrópole. Nos municípios, há, ainda, o desenvolvimento de seus planos diretores, com o impulso do Estatuto da Cidade, que permitem gerar novas organizações do território, agora mais democraticamente, com a participação da população.

A política para os recursos hídricos ganhou impulso com as leis de proteção e recuperação ambiental e legislações específicas para as Bacias de seus dois grandes reservatórios – as represas Guarapiranga e Billings. Pode-se destacar que, atualmente, a legislação procura proteger o meio ambiente, mas também propõe a recuperação das áreas mais frágeis, que sofrem impactos negativos.

As bacias hidrográficas tornam-se unidades de planejamento, pois sua estrutura físico-geográfica é relevante, face ao potencial de implantação de empreendimentos e seus impactos urbanísticos e ambientais. Essas políticas de recursos hídricos, complementadas pelo sistema nacional de unidades de conservação da natureza, enumeraram e qualificaram áreas de desenvolvimento sustentável e áreas de proteção integral. Mostram, assim, que as condições dos recursos naturais são importantes para a sustentabilidade e qualidade de vida também dessa população concentrada em regiões metropolitanas.

Com essas transformações, essas políticas mudam o centro e a periferia, e, com essa mudança, pode-se reconhecer também uma característica cultural na metrópole, que vem se afirmando de acordo com esse desenvolvimento urbano. A metrópole deixou de ter traços de comunidade rural e ganhou especificidades de cidades grandes, desenvolvidas e modernas. Seu meio ambiente também está passando a ser mais um elemento dessa cultura, o que vem ocorrendo pela conscientização de sua importância pela população metropolitana.

No entanto, nesse desenvolvimento esplendoroso, as desigualdades sociais continuam se reproduzindo, visualizadas nos distintos fragmentos de cidades que segregam ricos e pobres. E a metrópole segue se modificando, conforme as atividades desses grupos se entrelaçam, pois esses grupos precisam uns dos outros, uns como provedores de trabalho, outros como elementos executores desse trabalho. Mas, globalmente, está havendo modificação nessa fórmula local, e muitos postos de trabalhos continuam desaparecendo, em vários lugares, à medida que se modificam as localizações das empresas produtoras, modificam-se as necessidades de técnicos, de especialistas e de mão de obra pouco qualificada, e a globalização introduz novas regras de produção e consumo. A mudança vem ocorrendo e as pessoas não estão preparadas para ela. Igualmente, os seres humanos estão interferindo no meio ambiente, produzindo uma série de desastres que precisam ser controlados, ainda que seja difícil. É preciso restaurar as áreas frágeis e redirecionar as formas de interagir com o meio ambiente.

Por isso, as políticas públicas comentadas aqui, mostram formas de retomar o rumo daquilo que se desviou e começou a prejudicar o meio ambiente. Mas, para que isso ocorra é preciso gestão, do poder público, das empresas e da sociedade civil. Sublinha-se, é preciso cuidar do meio ambiente. Sua sustentabilidade é sinal de vida humana atual e no futuro. Assim, a sociedade deve prevenir ou remediar os efeitos de atividades poluidoras, muitas das quais só conhecidas quando os impactos negativos aparecem na saúde, na forma de doenças, e mesmo na degradação ambiental.

Prevenir sempre é importante. Seja em caso de certeza de dano, seja em caso da dúvida, pelo princípio da precaução. Para tanto, é preciso que se procure conhecer, pesquisar e entender os fenômenos sociais que vêm se formando, continuamente, mudando de intensidade, seja na concentração social, seja na ocupação do território metropolitano, transformando as áreas urbanas. É necessário identificar os movimentos de causa e efeito, para que as políticas públicas possam intervir, corrigindo o rumo das rotas de colisão. Isso pode permitir que se construa a sustentabilidade necessária para manter os recursos naturais não renováveis e a qualidade do ambiente construído que acaba recebendo a maioria da população. Será possível ter, então, uma metrópole mais sustentável.

Do ponto de vista da energia na metrópole, construímos uma sociedade totalmente dependente da eletricidade que viabiliza a operação dos edifícios e dependente de uma série de combustíveis que move a frota urbana e os deslocamentos interurbanos. A questão que se coloca é como minimizar os impactos ambientais na produção destas energias. A primeira ação é a redução drástica da demanda, por meio da eficientização de sistemas e equipamentos, e existe um esforço considerável das nações produtoras de tecnologia neste sentido.

A segunda ação é a busca pela geração de eletricidade utilizando fontes renováveis de energia. Nota-se, da mesma forma, um esforço neste sentido e, com muita probabilidade, até 2020 parte do consumo de energia do setor residencial dos países desenvolvidos será fornecido por energia solar, por meio do efeito fotovoltáico.

A quantidade de "Zeb-Buildings" em edifícios que geram sua própria eletricidade e operam independentes da rede urbana local, deve passar de algumas poucas dezenas existentes hoje para algumas centenas nas próximas duas décadas.

A terceira ação é a substituição paulatina de combustíveis fósseis para combustíveis renováveis na movimentação da frota urbana e o aumento do uso da eletricidade em veículos compactos urbanos.

Estas três ações são factíveis de ocorrer, dependendo do angajamento das sociedades e para cada uma delas existem casos de sucesso operando e com plena viabilidade tecnológica, ou seja, conhecemos os instrumentos para enfrentar o desafio urbano das metrópoles frente ao meio ambiente.

Referências bibliográficas

AB'SABER, Azis. A sociedade urbano-industrial e o metabolismo urbano. Disponível em: h<ttp://vermelho.org.br/museu/principios>.

ALEKLLET, K. Oil: A Bumpy Road Ahead. *World Watch Magazine*, jan.-fev., 2006.

BARGHINI, Alessandro. *Consumo de energia elétrica no setor de comércio e serviços*. São Paulo: Procel, Jorge Wilheim Consultores Associados, 1985. mimeo.

BARRETTO, Maria Alice Paes. Água de Beber cada vez mais cara, mais longe e mais difícil. *Revista Brasileira de Saneamento e Meio Ambiente BIO*, v. XVIII, n. 54, jan.-mar. 2010.

BAUMAN, Zigmunt. *Comunidade*: a busca por segurança no mundo atual. Trad. Plínio Dentzien. Rio de Janeiro: Jorge Zahar Ed., 2003.

BAUMAN, Zigmunt. *Globalização*: as conseqüências humanas. Trad. Marcus Penchel. Rio de Janeiro: Jorge Zahar Ed., 1999.

BLUESTONE, Barry; HARRISON, Bennett. *The deindustrialization of America*: plant closings, community abandonment, and the dismantling of basic industry. New York: Basic books, Inc. Publishers, 1982.

BOARATI, Julio H. et al. *Hidrelétricas e termelétricas a gás natural*: estudo comparativo utilizando custos completos. São Paulo: Departamento de Engenharia de Energia e Automação Elétricas da Escola Politécnica da Universidade de São Paulo, 1998.

Bruna, Gilda Collet et al. *Estruturação urbana e arranjos produtivos locais*: identificação e análise das relações entre processos sociais, efeitos espaciais e políticas urbanas, através de estudo dos casos das cidades de Franca e Limeira no Estado de São Paulo. São Paulo: Mackenzie – Faculdade de Arquitetura e Urbanismo – Fundo Mackenzie de Pesquisa, 2006.

Bruna, Gilda Collet. Legislação e proteção ambiental. In: Guerra, Abílio (Org.). *Iniciativa Solvin 2006 arquitetura sustentável*. São Paulo: Romano Guerra Editora, 2006. p. 35-47.

Bruna, Gilda Collet; Roméro, Marcelo de Andrade; Philippi Jr., Arlindo (Ed.). Ecologia Urbana no Panorama Ambiental Metropolitano. In: *Panorama ambiental da metrópole de São Paulo*. São Paulo: Universidade de São Paulo, Faculdade de Saúde Pública, Faculdade de Arquitetura e Urbanismo, Núcleo de Informações em Saúde Ambiental: Signus Editora, 2004. p. 1-9.

Campbell, C. J. *Oil crisis*. Multi Science Publishing Company, 2005.

Carlos, Ana Fani Alessandri. *O espaço urbano*: novos escritos sobre a cidade. São Paulo: Constexto, 2004.

Carneiro, Paulo Roberto Ferreira; Britto, Ana Lúcia de Paiva. *Cadernos Metrópole*. Observatório das Metrópoles. São Paulo: Educ, 2º semestre 2009. p. 593-614.

Carnicelli, Juliana Gomes. Itapecerica da Serra: a integração da política urbana à gestão da sub-bacia Guarapiranga – O caso do Jardim Branca Flor (1997-2006). Dissertação de mestrado, São Paulo, 2007.

Carvalho, Joaquim Francisco de. *O declínio da era do petróleo e a transição da matriz energética brasileira para um modelo sustentável*. 2009. 138f. Tese de doutorado – IEE-USP, São Paulo, 2009.

Corrêa, Roberto Lobato. *Estudos sobre a rede urbana*. Rio de Janeiro: Bertrand Brasil, 2006.

Correia, Maurício. Direitos e interesses difusos, coletivos e individuais homogêneos. Ação civil pública. Legitimidade ativa do Ministério Público. *Informativo STF*, Brasília, 12 mar. 1997. Disponível em: <www.mp.pe.gov.br/procuradoria/caops/caopconsumidor/doutrina/dirdifusos.html>. Acesso em: 05 ago. 2006.

DAVIS, Mike. *Cidades mortas*. Trad. Alves Calado. Rio de Janeiro: Record, 2007.

DERANI, apud MIRRA, apud BRUNA, Gilda Collet. Legislação e proteção ambiental. In: GUERRA, Abilio (Org.). *Iniciativa Solvin 2006 Arquitetura Sustentável*. São Paulo: Romano Guerra Editora, 2006. p. 35-47

DIAMOND, Jared. Colapso: como as sociedades escolhem o fracasso ou o sucesso. Trad. Alexandre Raposo. 6. ed. Rio de Janeiro: Record, 2009 (c.2005).

ENGELS, Friedrich. *Die lage der arbeitenden klasse in England* [A situação da classe trabalhadora na Inglaterra], 1845.

FRIEDMANN, J.; WEAVER, C., apud BRUNA, Gilda Collet; ROMÉRO, Marcelo de Andrade; PHILIPPI Jr., Arlindo. Ecologia urbana no panorama ambiental metropolitano. In: ROMÉRO, Marcelo de Andrade; PHILIPPI JR., Arlindo; BRUNA, Gilda Collet. *Panorama ambiental da metrópole de São Paulo*. São Paulo: Universidade de São Paulo, Faculdade de Saúde Pública, Faculdade de Arquitetura e Urbanismo, Núcleo de Informações em Saúde Ambiental: Signus Editora, 2004. p. 1-9.

GANDY, Matthew. Rethinking urban metabolism: water, space and the modern city. Taylor & Francis Ltd. *CITY*, v. 8, n. 3, dez. 2004.

HARRISON, Bennett. *The deindustrialization of America*: plant closings, community abandonment, and the dismantling of basic industry. New York: Basic Books, Inc., Publishers, 1982.

KLIESCH, James. ACEEE: rating the environmental impacts of motor vehicles. *ACEEE's Green Book® Methodology*, T041, ago. 2004. 70p.

LOVELOCK, James. *The revenge of GAIA*: why the Earth is fighting back – and how we can still save humanity. London: Penguin Books, 2006.

MANANCIAIS de São Paulo. Disponível em: <http://www.mananciais.org.br/site/mananciais_rmsp>. Acesso em: 11 abr. 2010.

MEADOWS, Donella; RANDERS, Jorgen; MEADOWS, Dennis. *Limits to growth*: the 30-year update. Vermont: Chelsea Green Publishing Company, 2004.

MENEGUELLO, Cristina. A cidade industrial e seu reverso: as comunidades utópicas da Inglaterra vitoriana. *História*: Questões & Debates. Editora da UFPR, Curitiba, n. 35, p. 179-210, 2001.

MEYER, Regina Prosperi; GROSTEIN, Marta Dora; BIDERMAN, Ciro. São Paulo Metrópole. São Paulo: Editora da Universidade de São Paulo: Imprensa Oficial do Estado de São Paulo, 2004.

MINISTÉRIO DO PLANEJAMENTO, Orçamento e Gestão. IBGE – Instituto Brasileiro de Geografia e Estatística. Diretoria de Geociências. Coordenação de Geografia. Regiões de influência das cidades 2007. Rio de Janeiro: IBGE, 2008.

MIRRA, Álvaro Luiz Valery, apud BRUNA, Gilda Collet. Legislação e proteção ambiental. In: Guerra, Abílio (Org.). *Iniciativa Solvin 2006 Arquitetura Sustentável*. São Paulo: Romano Guerra Editora, 2006. p. 35-47.

NANOCIÊNCIA, 05 jan. 2006. Nanotecnologia impulsiona revolução científica. Disponível em: <http://educacao.uol.com.br/geografia/terceira-revolucao-industrial-tecnologia.jhtm>. Acesso em: 12 abr. 2010.

PESSOA, André. Política de Substituição de Importações. Disponível em: <http://www.brazil.guide.com.br/port/economia/agric/substimp/index.php>. Acesso em: 10 abr. 2010.

ROMÉRO, Marcelo de Andrade. *Método de conservação de energia elétrica em campi universitários*: o caso da Cuaso – Cidade Universitária Armando Salles de Oliveira. Tese de Doutorado – FAU-USP, São Paulo, 1994. mimeo.

ROMÉRO, Marcelo de Andrade. Arquitetura, comportamento e energia. Tese de Livre-Docência – Fauusp, São Paulo, 1994. mimeo.

SÁNCHEZ, Luis Enrique. *Desengenharia*: o passivo ambiental na desativação de empreendimentos industriais. São Paulo: Editora da Universidade de São Paulo, 2001.

SOUZA, Adriano Stanley Rocha Souza. O meio ambiente como direito difuso e a sua proteção como exercício de cidadania. Disponível em: <www.conpedi.org/manaus/arquivos/anais/bh/adriano_satanley_rocha_souza2.pdf>. Acesso em: 14 abr. 2010.

SPOSITO, Maria Encarnação Beltrão. Urbanização difusa e cidades dispersas: perspectivas espaço-temporais contemporâneas. In: REIS, Nestor Goulart (Org.). *Sobre dispersão urbana*. São Paulo: Via das Artes, 2009. p. 38-54.

Tolmasquim, Mauricio; Guerreiro, Amilcar. Empresa de pesquisa energética – EPE – Ministério de Minas e Energia – MME. *Balanço Energético Nacional 2009*:– Resultados preliminares | Ano base 2008. Brasilia, DF, 2009.

Wolman, Abel. The metabolism of cities. *Scientific American*, p. 179-190, 1965.

Sites visitados

<http://www.brazil.guide.com.br/port/economia/agric/substimp/index.php>. Acesso em: 10 abr. 2010.

<http://www.planalto.gov.br/CCIVIL/Leis/LCP/Lcp20.htm>. Acesso em: 10 abr. 2010.

<http://www.mma.gov.br/port/conama/estr.cfm>. Acesso em: 10 abr. 2010.

<http://www.mananciais.org.br/site/mananciais_rmsp>. Acesso em: 11 abr. 2010.

<http://habitare.infohab.org.br/pdf/publicacoes/arquivos/47.pdf>. Acesso em: 30 maio 2009.

<http://www.jusbrasil.com.br/legislacao/navegue/1938/Decretos-lei>. Acesso em: 12 maio 2010.

<http://WWW.abagrp. org.br>. Acesso 22 abr. 2010.

<http://www.bvsde.paho.org/bvsacd/encuen/flavia.pdf>. Acesso em: 12 maio 2010.

<http://www.brazuka.info/protocolo-de-kyoto.php>. Acesso em: 12 abr. 2010.

<http://educacao.uol.com.br/geografia/terceira-revolucao-industrial-tecnologia.jhtm>. Acesso em: 12 abr. 2010.

<http://www.santoandre.sp.gov.br/bn_conteudo.asp?cod=562>. Acesso em: 24 abr. 2010.

<http://educacao.uol.com.br/geografia/terceira-revolucao-industrial-tecnologia.jhtm>. Acesso em: 12 abr. 2010.

<http://www.habitacao.sp.gov.br/saiba-como-funciona-a-cdhu/index.asp>. Acesso em: 07 maio 2010.

<http://www.prefeitura.sp.gov.br/cidade/secretarias/habitacao/cohab/>. Acesso em: 07 maio 2010.

<http://www.saopaulo.sp.gov.br/spnoticias/lenoticia.php?id=98457>. Acesso em: 07 maio 2010.

<http://www.saopaulo.sp.gov.br/spnoticias/lenoticia.php?id=98457>. Acesso em: 07 maio 2010.

http://www.stm.sp.gov.br/images/stories/Pitus/Pitu2025/Pdf/Pitu_2025_02.pdf>. Acesso em: 09 maio 2010.

<http://web.observatoriodasmetropoles.net/images/materias/rede_urbana07.jpg>. Acesso em: 23 abr. 2010.

<http://www.skyscrapercity.com/showthread.php?t=726170>. Acesso em: 23 abr. 2010.

<http://www.cetesb.sp. gov.br>. Acesso em: 22 abr. 2010.

<http://www.jusbrasil.com.br/legislacao/213026/lei-1172-76-sao-paulo-sp>. Acesso em: 14 abr. 2010.

<http://www.mananciais.org.br/slideshow/albuns/1165253328/lei-especifica-e-app-semina.gif>. Acesso em:o 23 abr. 2010.

<www.mananciais.org.br/mananciais/slideshow/al>. Acesso em: 22 abr. 2010.

<http://www.mananciais.org.br/site/mananciais_rmsp/billings>. Acesso em: 22 abr. 2010.

<http://www.midiaindependente.org/pt/blue/2002/09/105159.shtml>. Acesso em: 07/ maio 2010.

<http://noticias.terra.com.br/brasil/interna/0,,OI3938099-EI306,00–construcao+de+hidreletricas+no+Norte+preocupa+indios.html>. Acesso em: 07 maio 2010.

<http://ww2.prefeitura.sp.gov.br/arquivos/secretarias/planejamento/zoneamento/0001/parte_II/se/m_04.jpghttp>. Acesso em: 8 maio 2010.

<ww2.prefeitura.sp.gov.br/arquivos/secretarias/planejamento/zoneamento/0001/parte_II/se/m_04.jpg>. Acesso em: 8 maio 2010.

<http://veja.abril.com.br/noticia/internacional/vazamento-petroleo-golfo-mexico-5-000-barris-dia-554123.shtml>. Acesso em: 09 maio 2010. (notícia de 20 de abril de 2010).

www.conpedi.org/manaus/arquivos/anais/bh/adriano_satanley_rocha_souza2.pdf>. Acesso em: 14 abr. 2010.

<www.ambientebrasil.com.br>. Acesso em: 28 ago. 2006, apud BRUNA, 2006, p. 40.

<http://www.ecodesenvolvimento.org.br/cop15>. Acesso em: 15 abr. 2010.

<http://www.scribd.com/doc/18027677/corredores-ecologicos>. Acesso em: 18 abr. 2010.

<http://www.rbma.org.br/gestores/images/ucs_sp. jpg>. Acesso em: 22 abr. 2010.

<http://www.fflorestal.sp. gov.br>. Acesso em: 18 abr. 2010.